Springers
Angewandte Informatik
Herausgegeben von Helmut Schauer

Mensch-Maschine-Schnittstelle in Echtzeitsystemen

Veith Risak

Springer-Verlag Wien New York

Dipl.-Ing. Dr. techn. Veith Risak
Wien, Österreich

Mit 37 Abbildungen

CIP-Kurztitelaufnahme der Deutschen Bibliothek

Risak, Veith:
Mensch-Maschine-Schnittstelle in Echtzeitsystemen/
Veith Risak. – Wien; New York: Springer,
1986.
  (Springers angewandte Informatik)
  ISBN-13: 978-3-211-81943-2   e-ISBN-13: 978-3-7091-8874-3
  DOI: 10.1007/978-3-7091-8874-3

ISSN 0178 0069
ISBN-13: 978-3-211-81943-2

Vorwort

Mensch-Maschine-Schnittstellen (MMS) gibt es, seit der Mensch Maschinen nutzt. Faustkeile, Pfeil und Bogen, Wagenlenkung usw. Schon hier lassen sich rudimentär Fragen der leichten Handhabbarkeit, der Kontrollierbarkeit und der Sicherheit zeigen.

Doch erst die hohe Komplexität heutiger Systeme, gepaart mit neuen technischen Möglichkeiten, erfordert die eingehende Behandlung dieses Problemfeldes.

Während zum Thema Mensch-Maschine-Schnittstelle im allgemeinen viel Literatur, z. B. [BEN81] vorliegt, finden sich über die MMS bei Echtzeitsystemen nur verstreute Artikel.

Es soll daher versucht werden, auf die speziellen Anforderungen einzugehen, die Echtzeitsysteme an die MMS stellen.

Wesentliche Einflußgrößen sind dabei:
- die Prozeßdynamik,
- die Enge der Kopplung des Benutzers an den Prozeß und
- die vom Prozeß ereignisgesteuerte unregelmäßige Belastung des Benutzers, mit ihren Anforderungen an die Reaktionszeit im Gegensatz zur mehr durchsatzorientierten Belastung, z. B. bei der Datenerfassung.

Weitere Schwerpunkte des Buches sind die Darstellung der gerätemäßigen Realisierung, sowie die der sich daraus ergebenden Konsequenzen für die Software.

Dabei soll nicht nur auf den *Normalbetrieb*, sondern auch (hier besonders wichtig) auf das Verhalten im *Fehlerfall* und in Notfallsituationen eingegangen werden.

Beispiele, vorwiegend aus der Energieversorgungstechnik (EVU), sollen den Praxisbezug herstellen. Das Buch soll vor allem für die praktische Anwendung Hinweise geben. Die Darstellung bezieht sich in der Hauptsache auf die MMS in Echtzeitsystemen unter Einsatz von Prozeßrechnern, doch werden immer wieder Echtzeitsysteme des täglichen Lebens (z. B. Auto) zur Verdeutlichung der Problematik herangezogen.

Das Buch setzt Grundkenntnisse der Prozeßrechnertechnik voraus, doch wird auf technische Details wo immer möglich verzichtet. Für weiterführende Studien wird auf die angegebene Literatur verwiesen.[1]

Wien, im November 1986   Veith Risak

---

[1] Das vorliegende Buch entstand durch Erweiterung von Unterlagen zu Vorlesungen gleichen Titels an der Technischen Universität Wien und an der Universität Salzburg.

Inhalt

1 Allgemeines

Der Titel *Mensch-Maschine-Schnittstelle in Echtzeitsystemen* enthält bereits wesentliche Stichworte:
- System,
- Schnittstelle,
- Echtzeit,
- Mensch und
- Maschine.

Ein *System* besteht aus mehreren miteinander gekoppelten Komponenten, die sinnvoll zusammenwirken. Das sinnvolle Zusammenwirken bei Echtzeitsystemen bezieht sich auf die Erfüllung einer jeweils konkreten Aufgabe, wie z. B.:
- Lenken eines Autos,
- Führung eines industriellen Prozesses (Fabrik, Kraftwerk, Wasserwerk . . .),
- Radfahren,
- Mondlandung, usw.

Diese Aufgaben sind, bei stark unterschiedlicher Komplexität, dadurch gekennzeichnet, daß sie ein zeitlich richtiges Reagieren der Systemkomponenten erfordern. Ein „zu früh" oder „zu spät" Reagieren kann[1] den Systemzweck gefährden.

Dies unterscheidet Echtzeitsysteme von zeitunkritischen Systemen, bei denen es nur darauf ankommt, die gestellten Aufgaben in der richtigen Reihenfolge zu erledigen, nicht aber auf den genauen Zeitablauf und die gegenseitigen Abhängigkeiten von Aufgaben. Im zweiten Fall kommt es, teilweise aus ökonomischen Gründen, darauf an, einen möglichst hohen Durchsatz zu erzielen, nicht aber z. B. auf die *Reihenfolge* der Abarbeitung eines Mix voneinander unabhängiger Jobs.

Demgegenüber spielt beim Prozeßrechner die Reaktionszeit auf oft nur kurzfristig anstehende Signale die Hauptrolle und nicht die durchschnittliche Rechnerauslastung.

---

[1] Vgl. die Stabilitätstheorie bei Totzeit in der Regelungstechnik, z. B. [SOL59].

Dies wirkt sich wesentlich auf die (unterschiedliche) Struktur der Betriebssysteme aus, oft für den gleichen Rechner je nach Einsatz als Prozeßrechner oder im Rechenzentrumsbetrieb. Da dies nicht Thema dieses Buches ist, lade ich ein, als Übung konkrete Betriebssysteme in dieser Hinsicht zu vergleichen; z. B. hinsichtlich folgender Funktionen:

- Unterbrechungslogik, Jobwechsel,
- Prioritätssteuerung,
- Datenzugriffe,
- Speicherverwaltung (paging, Segmentierung, große Realspeicher), usw.

Auf einzelne Punkte werde ich bei der Behandlung technischer Fragen (Kap. 3) noch zurückkommen.

Das Zusammenwirken der Systemkomponenten erfolgt über *Schnittstellen.* Über diese Schnittstellen läuft die Kommunikation in beiden Richtungen zwischen den Komponenten, z. B. Befehle oder Meldungen.

Die Schnittstellen stellen andererseits ein Abbild des dahinterliegenden Systemteils aus der Sichtweise der einwirkenden Komponente dar. Z. B. „Wie sieht der Benutzer das System, mit dem er arbeitet?" bzw. „Wie sieht das System den Benutzer?" Wir werden darauf noch (in Kap. 2.4) näher zurückkommen. Hier paßt der englische Ausdruck *interface,* etwa mit *Zwischengesicht* zu übersetzen, viel besser.

Diese Sichtweise, dargestellt durch das *innere Modell,* das sich jede Seite vom Partner aufbaut, ist deshalb so wichtig, da hier eine ganz charakteristische Fehlerquelle[2] liegen kann.

Wesentlich für unsere Fragestellungen ist, daß an der MMS wesentlich verschiedene Systemkomponenten aufeinander treffen:

- der Mensch und
- die Maschine (z. B. der Rechner).

Auch wenn wir hier von Fragekomplexen wie dem Bewußtsein des Menschen absehen, sind doch die für das System wesentlichen, teilweise meßbaren Eigenschaften[3] beider Komponenten so verschieden, daß eine Mißachtung dieser Unterschiede, nämlich:

- den Menschen als Maschine zu betrachten (Reduktionismus, vgl. [POP77]) oder
- die Maschine anthropomorph zu sehen (vgl. viele Cartoons oder Science-Fiction-Darstellungen),

ihr Zusammenwirken wesentlich beeinträchtigen kann.[4]

---

[2] Im Sinn von Fehl-Erwartungen.
[3] Vgl. [DOR83], [FLO81], [LED81], [NEW77], [ROU81] und [SHN79].
[4] Vgl. Kap. 2.

Wie wir aus dieser Übersicht sahen, kann die MMS nicht *allein* mit formalwissenschaftlichen, experimentalwissenschaftlichen oder humanwissenschaftlichen Methoden behandelt werden. Immer würde dabei ein wesentlicher Teil fehlen.

   – Man muß vom Menschen, von der Maschine und von ihrer Interaktion wissen, um mit der MMS umgehen zu können.
   – Dazu ist ein fachgebietsüberschreitender Ansatz nötig.
   – Jede Einseitigkeit (z. B. „Nur aus der Sicht des Informatikers entworfen ...") muß wesentliche Aspekte außer Betracht lassen.

Wir werden uns im Rahmen dieses Buches mit den soeben kurz angerissenen Fragen näher beschäftigen. Aus der *Feedback-Natur* komplexer Systeme[5] wird es sich ergeben, daß wir auf manche Fragenkomplexe im Laufe der Zeit aus immer wieder anderer Sicht zurückkommen. Ein verkoppeltes System läßt sich eben nicht wie ein Zwirnknäuel von einem Ende aufrollen,[6] sondern bietet, je nach Fragestellung, immer wieder neue Aspekte.

---

[5] Vgl. [DOR83].
[6] Lineare Kausalkette.

2 Benutzeraspekte

Die Problematik der Mensch-Maschine-Schnittstelle ergibt sich vor allem daraus, daß an dieser Stelle Systemkomponenten mit völlig verschiedenen Eigenschaften:
- der Mensch,
- die Maschine

aufeinandertreffen. Aufgabe der MMS ist es, einen möglichst reibungslosen, konflikt- und fehlerfreien Austausch von Informationen in beiden Richtungen sicherzustellen.

Die Kommunikation über die MMS betrifft vor allem folgende Funktionen:
- Anzeige von Systemzuständen für den Menschen,
- Steuerung des Systems durch den Menschen; z. B.:
  - Informationsabfrage,
  - Durchführung von Schalthandlungen,
  - Start/Stop von Prozessen,
  - Sollwerteingaben,
  - Strukturänderungen,
  - Parameteränderungen.

Eine Schnittstelle ist umso besser, je weniger sie auffällt; je natürlicher mit ihr gearbeitet werden kann, und je weniger sie zu

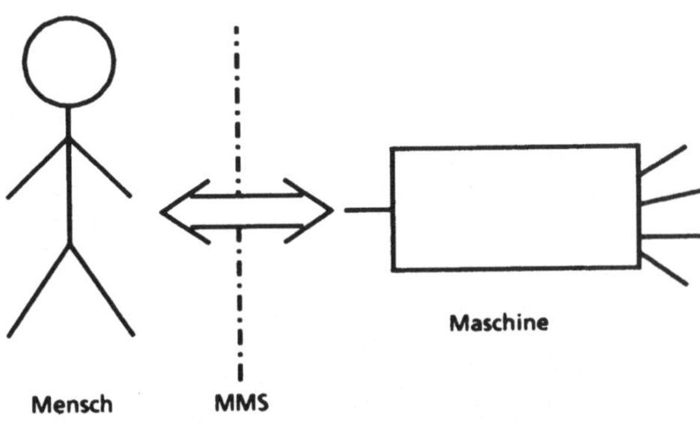

Abb. 1. Prinzipien der MMS

unerwünschter Änderung des Arbeitsstils zwingt. Dabei haben heute die Bedürfnisse des menschlichen Systempartners Vorrang. Das war nicht immer so. Noch vor kurzer Zeit waren die technischen Grenzen[1] der Prozeßrechner so eng, daß nahezu die gesamte Verarbeitungskapazität für die eigentliche Prozeßleitung benötigt wurde. Die Ausgestaltung der MMS wurde als (unnötiger) Komfort oder Luxus angesehen.

Heute sind die technischen Voraussetzungen[2] dafür gegeben, daß sich die Maschine (der Rechner) an den Menschen anpaßt[3] und nicht umgekehrt.[4]

Diese prinzipielle technische Verfügbarkeit der *Mittel allein* garantiert aber noch nicht den Erfolg! Dazu müssen zunächst, und das ist die Aufgabe dieses Kapitels, die *Eigenschaften* und *Bedürfnisse* beider Kommunikationspartner (im allgemeinen und im Kontext des konkreten zu leitenden Echtzeitsystems) untersucht werden. Dabei ist auch aus Gründen der Akzeptanz[5] auf vorhandene Lösungen Rücksicht zu nehmen. Aus der Analyse ihrer Schwächen[6] und der sie betreffenden offenen Wünsche können wertvolle Hinweise für die Neugestaltung der MMS gewonnen werden.

Eine enge Zusammenarbeit mit dem künftigen Benutzer ist dabei sowohl für die Informationsbeschaffung als auch für die Akzeptanzsicherung eine große Hilfe.

Dabei darf man allerdings vorhandene Methoden nicht sklavisch übernehmen und damit die neuen heutigen Möglichkeiten nur unzureichend ausschöpfen.[7]

Andererseits wird weitgehendes Umlernen von den Betreibern des Prozesses nur dann akzeptiert, wenn eine neue Bedienstrategie (vgl. Kap. 2.3) wesentliche Vorteile bringt. Von „modischen Verbesserungen" wollen wir hier absehen.

Ähnliches gilt für die Frage:
- lokale,
- zentrale oder
- verteilte Prozeßleitung.

---

[1] Z. B. Speicherkapazität, Geschwindigkeit, Entwicklungsstand der Endgeräte, usw.

[2] Z. B. durch die viel höhere, auch dezentral verfügbare Rechenleistung („lokale Intelligenz"), durch die wirtschaftliche Verfügbarkeit von Graphiksichtgeräten, durch Sprach-Ein- und Ausgabe, usw.

[3] Bis hin zur adaptiven MMS, vgl. Kap. 3.5.

[4] Vgl. auch [KAP85] für Beispiele eines guten und schlechten Dialogs.

[5] Vgl. Kap. 2.4.

[6] Z. B. wegen der mangelnden Verfügbarkeit entsprechender Endgeräte beim vorhandenen Verfahren.

[7] Z. B. wäre ein rein zeilenorientierter (aus der Lochkarten- und Blattschreibertechnik übernommener) Dialog auf einem Vollgraphiksichtgerät unnötig schwerfällig. Vgl. [GIL77].

Am Anfang der Automatisierungstechnik wurden Meßwerte lokal am Prozeß erfaßt (z. B. Manometer);[8] ebenso wurde lokal in den Prozeß (z. B. Ventil mit Handrad) eingegriffen. Eine automatische Regelung (z. B. Drehzahl- oder Druckregler) erfolgte lokal.

Später wurden Meßwertanzeiger, Bedienung und automatische Regelung (zunächst einzelner Prozeßvariabler) in zentralen Warten zusammengefaßt.

Schrittweise übernahm (übernimmt noch) ein zentraler Prozeßrechner selbständig Detailaufgaben und erlaubt nun die Prozeßleitung auf höherer Abstraktionsebene.

Aus Gründen der Sicherheit und um den eigentlichen Prozeßleitrechner von der Betreuung der MMS zu entlasten, werden zunehmend dezentral verteilte Verarbeitungsstrukturen eingesetzt.[9]

Wir werden in diesem Kapitel zunächst auf die Eigenschaften und Erfordernisse der Dialogpartner, vor allem die des Menschen eingehen (Kap. 2.1), dann spezielle Anforderungen von Echtzeitsystemen behandeln, die diese von der allgemeinen Datenverarbeitung unterscheiden (Kap. 2.2), anschließend verschiedene Bedienstrategien untersuchen (Kap. 2.3) und schließlich (Kap. 2.4) auf psychologische Fragen im Zusammenhang mit der Systemeinführung, Schulung und Akzeptanz eingehen.

2.1 Allgemeine Anforderungen

2.1.1 Unterschiede zwischen Mensch und Maschine

An der MMS treffen sehr verschiedene Systemkomponenten, nämlich der Mensch und die Maschine, aufeinander. Ich möchte zunächst einige wichtige Eigenschaftspaare gegenüberstellen, die für die MMS relevant sind (vgl. Tab. 1).[10]

Markiert man (mit *) jene Punkte, in denen der Mensch oder die Maschine überlegen sind, so ergeben sich daraus Konsequenzen für die Arbeitsteilung zwischen Mensch und Maschine:
- Die Maschine soll alle repetitiven Aufgaben übernehmen, bei denen es um schnelle Datenerfassung, Speicherung großer Datenmengen und Routineverarbeitung geht.

---

[8] Vgl. Abb. 10.

[9] Z. B. „intelligente Bediengeräte", vgl. die Kap. 3.2 und 3.5.

[10] Tabelle 1 deutet nur einige typische Unterschiede an. Hinsichtlich weiterer Details sei auf [BEN81] und [RIS70] verwiesen.

	Mensch	Maschine
Geschwindigkeit Takt	$< 10^3/sec$	*extrem hoch bis $10^9/sec$
Verarbeitungsmodus	*extrem parallel	seriell (derzeit von Neumann-Rechner), zunehmend parallele Verarbeitung
'Verdrahtung'	*nur teilweise determiniert, hauptsächlich erworben	streng determiniert
Abstraktionsebene	*sehr hoch (Problemebene)	sehr niedrig (Einzeloperationsebene)
Kurzzeitspeicher	sehr klein	*groß (einige MB)
Datenhaltung	*assoziativ, verteilt, unsicher	*punktuelle Speicherung, sehr sicher, einfach strukturiert
Bearbeitungsart	*logisch sequentiell und Gestalterkennung (teilweise unbewußt)	serielle Abarbeitung
Fehlerrate	hoch $10^{-2} - 10^{-4}$	*extrem niedrig 10^{-9} (jedoch kann jeder Fehler kritisch sein)
Belastbarkeit	*fail soft (Weglassen unwichtiger Funktionen)	eher harte Grenzen, teilweise fail soft
Ermüdbarkeit	stark	*keine
Ablenkbarkeit	hoch	*keine
Verhalten bei Informationsmangel	*flexibel (Schätzungen) teilweise umgehbar	hilflos: Schleife/Stop, kritisch, eventuell default Werte vorsehen

Tabelle 1. Unterschiede zwischen Mensch und Maschine

– Der Mensch soll jene Aufgaben übernehmen, die Übersicht[11] und Reaktionsfähigkeit in unvorhergesehenen Situationen, oft unter Zeitdruck und Informationsmangel, erfordern.

Man kann dies an den Mängeln bisheriger Systeme, an einer Negativliste, prüfen:

– Zeitrichtiges Führen langer Betriebsprotokolle: der Mensch macht Fehler und kommt zeitlich nicht mit. Diese Aufgabe wäre daher auf den Rechner zu übertragen.

– Bearbeiten codierter Fehlermeldungen, wobei Nachschlagen in Listen erforderlich ist: dies ist eine zu niedrige Abstrak-

---

[11] Hohe Abstraktionsebene, Gestalterkennung, Assoziation, usw.

tionsebene für den Menschen. Daher soll der Rechner die Umsetzung in den Klartext durchführen.

Beispiel: Im HICOM-System ist u. a. das Telephonbuch automatisiert. Die gewünschte Telephonnummer oder der Name des Teilnehmers kann vom Teilnehmerapparat (Multifunktionsterminal) erfahren werden.[12]

– Warten auf unvorhersehbare Ereignisse, die dann nur kurz anstehen. Hohe Aufmerksamkeit und Konzentration kann nicht dauernd aufrechterhalten werden (Ermüdbarkeit).[13] Daher soll der Rechner auf die unvorhersehbaren Ereignisse warten und dann eventuell die aufbereiteten Daten dem Menschen zur Entscheidung vorlegen.

In manchen Bereichen der Technik können sich diese Grenzen verschieben.[14] Dies betrifft vor allem die folgenden Punkte:

– Abstraktionsebene[15]
– Datenhaltung[16]
– Verarbeitung[17]
– Verhalten bei Informationsmangel.[18]

Hinsichtlich weiterer Einzelheiten muß auf die angegebene Literatur verwiesen werden. Doch dürfte die obige Aufstellung genügen, um die Größe des Problemfeldes um die MMS deutlich zu machen.

2.1.2 Benutzerkreise

Der Personenkreis, der mit Echtzeitsystemen in Berührung kommt, setzt sich aus folgenden Gruppen zusammen:

– Betreiber,
– Daten- und Systemverwalter und
– Systementwickler.

Da der Mensch hier Teil eines Echtzeitsystems ist und damit unter, teilweise vom Prozeß vorgegebenen, Zeitbedingungen steht, ergeben sich hier etwas andere Anforderungsschwerpunkte gegenüber der MMS der „normalen" Datenverarbeitung. Die verschiedenen

---

[12] Vgl. [LIS85], [MET85]

[13] „Tormanneffekt": In einer guten Fußballmannschaft, in der der Tormann durch gute Mannschaftsleistung kaum gefordert wird, passieren „dumme Tore", wenn doch einmal ein gegnerischer Angriff durchkommt.

[14] Z. B. durch die Weiterentwicklung von Expertensystemen (ES), vgl. [RAU82] und [PUP86].

[15] Vgl. very-high-level-languages (VHLL), non-procedural-languages, die das WAS und nicht das WIE einer Aufgabe beschreiben.

[16] Knowledge-representation, vgl. [VAS85].

[17] Assoziativ, Einsatz der Logik (PROLOG) als Programmiersprache.

[18] Wie in klinischen Diagnosesystemen, vgl. [PUP86] und [DOR83].

Sichtweisen sowie die entsprechenden Datenflüsse zwischen System
und Mensch in diesen drei Rollen werden in Kap. 3.3.2 näher beschrieben.

Eine (unvollständige) Übersicht soll Tabelle 2 und Abb. 2 geben.

Aus Abb. 2 kann man entnehmen, daß die Interessenschwer-
punkte in den verschiedenen Rollen, in denen der Mensch der Maschine gegenübertritt, ganz verschieden sind.

Auch die Eingriffe in das System betreffen jeweils verschiedene
Funktionen und Komponenten.[19] Man erkennt auch, daß man im
allgemeinen in *keiner der Rollen* das *ganze System* überblicken kann.
Das ist typisch für sehr komplexe Systeme.

---

[19] Z. B. den Prozeß, die Datenhaltung, das Programm, . . .

	Betreiber	Datenpflege/Systemverwalter	Systementwickler
Interessen-Schwerpunkt	Prozeßführung	Prozeßspezifikation, Datenpflege	dv-technische Planung, Realisierung, Erweiterung
Denkweise	fachspezifisch/ funktionsorientiert	fachspezifisch/ datenorientiert	Software-Engineering
Arbeitsweise	On-line/Echtzeit dauernd mit Prozeß verbunden	On-line/fallweise Eingriffe	Software-Engineering
Sprachebene	Fachsprache	Fachsprache/DML	Höhere Programmiersprache z.B. PASCAL/ADA
Anforderungen	Aufmerksamkeit, Übersicht in kritischen Situationen, Gestalterkennung, sichere Reaktion	Übersicht über System-struktur, Zuverlässigkeit (kein Risiko eingehen)	Systematisches Vorgehen, klare übersichtliche Strukturen entwickeln und dokumentieren, dv-technische Übersicht behalten, Verstehen der Fachsprache der Anwender

Tabelle 2. Benutzerkreise

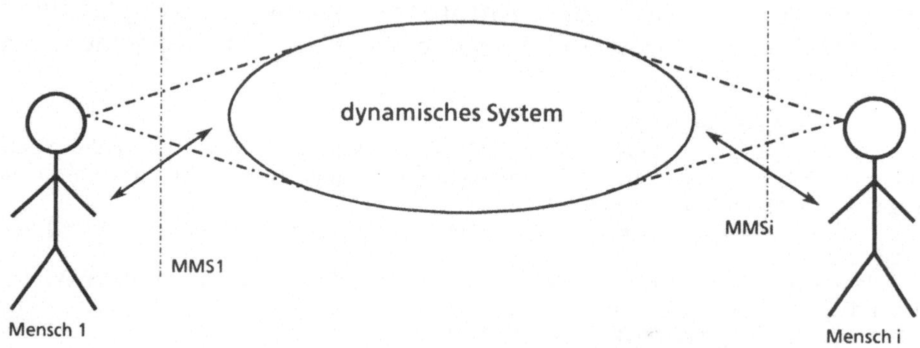

Abb. 2. Rolle des Menschen gegenüber dem System

2.1.2.1 Betreiber

Sie sind an der Unterstützung bei ihrer Aufgabe, der Prozeßführung, interessiert und nicht an der Programmierung von Echtzeitsystemen. Als Spezialisten ihres Fachgebietes[20] sind sie an den verfügbaren Funktionen, mit denen sie arbeiten, nicht aber am DV-technischen Aufbau der Programmsysteme interessiert.

Um bei komplexen dynamischen Prozessen die Übersicht nicht zu verlieren, soll sich die Sprachebene der MMS so gut wie möglich an der Fachsprache dieses Benutzerkreises orientieren; z. B. hinsichtlich verwendeter Kommandos, der Meldungstexte und der graphischen Darstellungen.

Wenn es sich um die Verbesserung oder Neugestaltung einer schon vorhandenen MMS handelt, soll die Kontinuität bewährter Bedienungs- und Meldevorgänge gewahrt bleiben. Änderungen sollten mit einer signifikanten Verbesserung für den Betreiber verbunden sein, z. B.:
- Realisierung bisher nicht möglicher Funktionen.[21]
- Behebung von Fehlern und Unbequemlichkeiten, die der Betreiber forderte.
- Maßnahmen, die die Sicherheit oder Übersichtlichkeit aus Benutzersicht erhöhen.

Diese Orientierung an gewohnten und bewährten Begriffen, Darstellungsweisen und Handlungsabläufen ermöglicht die Weiterverwendung von „inneren Modellen" des Prozesses, die sich der Betreiber, oft während langer Jahre, durch Lernen aufbaute und die es ihm ermöglichen, auch in kritischen Situationen die Übersicht nicht zu verlieren.

Jedes Umdenken oder Umlernen
- ist mühsam,
- führt zu langsameren Reaktionen und
- zu häufigeren Fehlern,

besonders unter Zeitdruck.[22]

2.1.2.2 Daten- und Systemverwalter

Interessenschwerpunkt ist die Anpassung eines Grundsystems an einen konkreten Prozeß durch Aufbau eines rechnerinternen Prozeßmodells im Leitrechner, realisiert durch eine Datenstruktur mit

---

[20] Z. B. Netzleittechnik, mission-control von Raumfahrzeugen, Autofahrer, usw.

[21] Z. B. Vorausberechnung möglicher Folgen eines geplanten Eingriffes, Simulationen, usw.

[22] Z. B. in Alarmsituationen, vgl. Kap. 2.4 und [DOR83].

Hilfe einer data-manipulation-language (DML); bzw. die spätere Pflege dieses Modells (dieser Datenstruktur).

Das Gesamtsystem, das für den Betreiber eine Einheit darstellt, besteht aus der Sicht des Systemverwalters aus einem für eine bestimmte Aufgabenklasse (z. B. Netzleittechnik) gemeinsamen Grundsystem und prozeßspezifisch generierten Tabellen und Zusatzprogrammen.[23]

Auch die DML soll sich an der Fachsprache des Betreibers orientieren, da Betreiber und Systemverwalter beim anfänglichen Systemaufbau und bei späteren Änderungen eng zusammenarbeiten müssen.[24]

Man kann dann von einer *technologieorientierten* DML sprechen. Das ist ein wichtiger Unterschied zur allgemeinen EDV, die Datenbanken mit *universeller* DML verwendet.[25]

Da bei Änderungen oder Ergänzungen die Änderungsdaten eingegeben, formal und technologisch geprüft und dann erst durch Freigabe für das Echtzeitsystem verfügbar gemacht werden, ist der Datenverwalter zwar on-line, aber nicht unter Echtzeitbedingungen mit dem System verbunden.

Wegen der großen Datenmengen[26] besonders bei der Ersteingabe, aber auch bei Änderungen und wegen der eventuell schwerwiegenden Fehlerfolgen ist es wesentlich und schwierig, die technologische Übersicht zu bewahren. Technologiebezogene Prüfverfahren sowie zuverlässiges Arbeiten sind bestimmend für die Systemqualität.

Diese Sicht der MMS orientiert sich mehr an der Datenstruktur und weniger an funktionellen Eingriffen in den Prozeß. Damit steht der Daten- und Systemverwalter zwischen Betreiber und Entwickler. Einerseits muß er die konkrete Prozeß- und zugehörige Datenstruktur im Detail kennen; andererseits muß er weitergehende Rechnersystemkenntnisse als der Betreiber haben.[27] Hinsichtlich der Programmstruktur müssen diese Kenntnisse aber nicht so weit gehen wie die der Systementwickler.

Höherer Komfort z. B. bei der Datenpflege ist, richtig eingesetzt, kein Luxus, sondern dient der Qualität und Sicherheit des Betriebes.

---

[23] Vgl. das Prinzip des „halbfertigen Anzugs", bei dem sich der Kunde noch die Lage der Taschen, die Form der Knöpfe, usw. wünschen darf.

[24] Wenn nicht eine Person beide Rollen übernimmt.

[25] Vgl. Kap. 3.3.2.

[26] Z. B. umfaßt die Beschreibung eines großen Mittelspannungsnetzes ca. 16.000 Analogmeßwerte, 30.000 Schalterstellungen, 30.000 Warn- und Gefahrenmeldungen und 10.000 Kommandoausgänge. Die Darstellung des Netzes umfaßt ca. 1.000 Bilder auf Graphiksichtgeräten.

[27] Speziell über Datenhaltung, Schnittstellen zur Peripherie, usw.

Dies gilt besonders bei Echtzeitsystemen, bei denen die Folgen fehlerhafter Daten oder Aktionen oft nicht mehr durch Neubeginn und Wiederholung (wie oft bei der normalen EDV) gutgemacht werden können.

2.1.2.3 Systementwickler

Hauptaufgabe ist die Planung, Realisierung und Weiterentwicklung großer Echtzeitsysteme. Im Interessenschwerpunkt liegt daher das Rechnersystem selbst; weniger der technologische Prozeß. Die Denk- und Arbeitsweise entspricht der des software-engineering. Die Systementwickler erwarten von ihrer MMS Hilfe zur effektiveren Durchführung der Programmentwicklung.[28] Diese Sicht der MMS ist völlig verschieden von der des Betreibers.

Da sich diese *Entwicklungsschnittstelle* nicht wesentlich von der der üblichen Softwareentwicklung unterscheidet und nicht vorwiegend mit Echtzeitsystemen zu tun hat, wird sie hier nicht weiter behandelt.[29] Mit der MMS des Betreibers und der Datenpflege kommt der Systementwickler bei der Planung und Realisierung dieser Schnittstellen, sowie beim Systemtest, bzw. Abnahmetest beim Kunden, in Berührung.[30] Sie ist aber nicht seine eigentliche Arbeitsumgebung.

So verschieden diese Personengruppen und die ihnen zugeordneten Schnittstellen auch sind, muß doch für sie alle gelten, daß sich der *Rechner an den Menschen anpassen muß und nicht umgekehrt.*

Die unterschiedlichen Bedürfnisse der betroffenen Personengruppen wurden deshalb so stark betont, weil es ein typischer Fehler bei der Softwareentwicklung ist, die *eigene Sicht* der Aufgabenstellung (z. B. als Informatiker) mit der des Anwenders (z. B. Spezialist für elektrische Energieverteilung) zu verwechseln.

2.1.3 Anforderungen an die MMS

Die Forderungen an die MMS gliedern sich in zwei Gruppen:
– Arbeitsplatzgestaltung und
– Systemverhalten.

---

[28] Z. B Editoren, Compiler, Testsysteme möglichst auf Quellspracheebene, Bibliotheksverwaltung für Programme, Lademodule und Dokumentation, Versionsverwaltung, usw.; vgl. Kap. 3.3 und 3.6.

[29] Interessenten seien auf die umfangreiche Literatur verwiesen, z. B. [STE81] und [HES81] über Entwicklungsumgebungen, z. B. APSE: Ada programming system environment; (Ada ist eine registrierte Handelsmarke des DoD) [STO80].

[30] Vgl. Kap. 4.

Dabei betrifft die *Arbeitsplatzgestaltung,*[31] vor allem die gerätetechnische Gestaltung von Arbeitsplätzen (z. B. Warten), während das *Systemverhalten* mehr die DV-technische Realisierung betrifft.

2.1.3.1 Arbeitsplatzgestaltung

Sie ist sehr stark vom zu leitenden Prozeß[32] abhängig und von da aus zu planen.

Folgende Punkte werden aber immer wieder auftreten:[33]
– Gesamtgestaltung des Arbeitsplatzes (z. B. Leitwarte),
– Sichtgeräte, Tastatur,
– Blickfeld, Beleuchtung, . . .
– Gestaltung von Arbeitstischen, Ablageflächen, . . .
Als Beispiel (vgl. Abb. 24) kann eine Warte der elektrischen Netzleittechnik dienen.

Kap. 3.2, vgl. auch [KAP85], geht näher auf die Gerätetechnik ein.

2.1.3.2 Systemverhalten

Das Systemverhalten wird neben der Arbeitsplatzgestaltung wesentlich von der Software beeinflußt. Im Zusammenhang mit Echtzeitsystemen sind u. a. folgende Anforderungen wesentlich:
– Verständlichkeit,
– Reaktionszeit,
– Sicherheit,
– Anpaßbarkeit.
Die *Verständlichkeit* muß sich an den Kenntnissen und Erwartungen des Anwenders (Betreiber, Daten- und Systemverwalter) orientieren. Wegen der höheren Übersichtlichkeit von Bildern gegenüber Texten und Tabellen tritt heute die Graphikausgabe immer mehr in den Vordergrund. Dabei können reine Bilddarstellungen (z. B. Hintergrundbilder) durch variable Symbole, Texte und Zahlenwerte ergänzt werden, vgl. [KAP85].

Folgende Eigenschaften der MMS fördern die Verständlichkeit vgl. Kap. 3.5:

---

[31] Ergonomie im engeren Sinne, vgl. [BEN81].

[32] Z. B. Fahrrad, Auto, Flugzeug, Energienetz, mission-control von Raumfahrzeugen, Chemieprozeß, usw.

[33] Mit der Ergonomie im engeren Sinne beschäftigt sich ausführlich [BEN81]. Dort wird auch ausführlich auf entsprechende Normenwerke eingegangen, vgl. [DIN83], [KOC81], [OEN83] und [ZIM83].

– geringer Lernaufwand,
– Dialog mit Benutzerführung oder Unterstützung,
– einfache Bedienung für Routineaufgaben ohne Einschränkung der Allgemeinheit in Sonderfällen,
– abfragbare Hantierungsvorschrift (HELP).

Im Gegensatz zur MMS der allgemeinen EDV, bei der oft mit ungeübten Benutzern gerechnet werden muß, und die daher[34] den Benutzer genau leitet, kann man bei der Führung von Echtzeitprozessen geübte Benutzer voraussetzen. Das Training, vgl. Kap. 2.4, kann z. B. durch Simulation am Originalbedienpult[35] erfolgen.

Daher liegt der Schwerpunkt der Benutzerführung hier darauf, ihm unnötige Bedieneingriffe abzunehmen,[36] damit seine Reaktionen zu beschleunigen und seine Fehlerrate zu senken.

Es treten in diesem Zusammenhang zwei *Reaktionszeiten* auf:

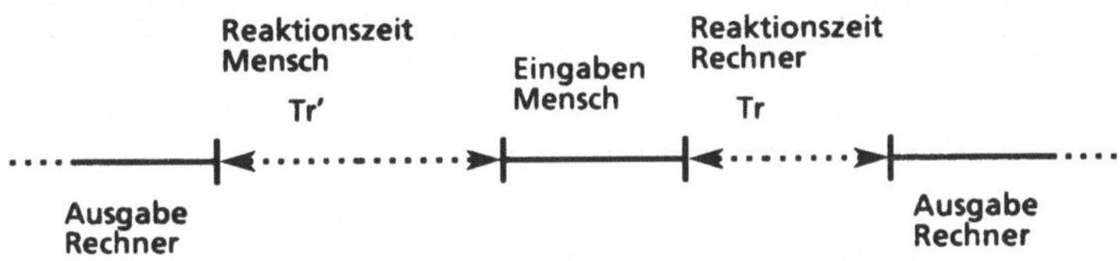

Abb. 3. Definition der Reaktionszeit

Die Reaktionszeit Tr' des *Menschen* auf eine Anforderung durch den Rechner ist die Zeit zwischen dem Ende der Ausgabe der Anforderung und dem Beginn der Eingabe der Antwort des Menschen. Sie enthält also auch die *Denkzeit*. Tr' ist deshalb stark von der Verständlichkeit abhängig.

Die Reaktionszeit Tr des *Rechners* auf eine Eingabe des Menschen ist die Zeit zwischen dem Eingabeende und dem Beginn der Ausgabe als Reaktion des Rechners. Sie enthält also auch die *Verarbeitungszeit* und nicht nur die Reaktionszeit des Betriebssystems.

Hier sind immer die Reaktionszeiten an der MMS gemeint. Davon sind die, hier nicht behandelten, Reaktionszeiten an den Schnittstellen zwischen dem Rechner und dem überwachten Prozeß, vgl. Abb. 4, zu unterscheiden.

Die Reaktionszeit des Systems soll der *Dringlichkeit* angepaßt sein. Folgende Folgerungen ergeben sich daraus:

---

[34] Z. B. durch Menu- oder Formulartechnik, vgl. [MAR73], [MOR83], [SHA83] und [ZWE83].

[35] Vgl. [KAP85].

[36] Ihm z. B. den Anwahlweg zur Anzeige einer gestörten Komponente zu zeigen.

- kurze Reaktionszeit während des Dialogs,
- sofortige Reaktion auf Eingabefehler,
- schnelle Vollständigkeitsmeldung nach formaler Vorprüfung der Eingabedaten,
- regelmäßiges Melden des Verarbeitungsfortschritts bei langdauernden Verarbeitungen und
- jederzeitige Statusabfrage.

Die Reaktionszeit des Systems beeinflußt die Fehlerrate und den Benutzerstreß sehr stark.[37] Eine zu lange Reaktionszeit (mehr als einige Sekunden) überlastet das Kurzzeitgedächtnis des Benutzers. Er verliert den stetigen Fluß der Arbeit und muß sich Notizen machen oder immer wieder neu seiner Aufgabe zuwenden. Eine, gegenüber der Art der Aufgabe, zu schnelle Reaktion wirkt antreibend und führt zu Flüchtigkeitsfehlern.[38]

Die *Sicherheit* an der MMS hat insbesondere bei Echtzeitsystemen zwei Aspekte:
- das Verhindern von Bedienungsfehlern, das eng mit der Verständlichkeit verbunden ist als *vorbeugende Maßnahme* und
- das Abfangen (Verringern der Folgen) gefährlicher Fehler samt der eventuellen Möglichkeit zur Wiederholung in korrekter Form (*Eventualmaßnahme*).

Kap. 3.4.1 beschäftigt sich unter dem Stichwort APP (*Analyse potentieller Probleme*) näher mit diesen Fragen.

Daraus ergeben sich hinsichtlich der Sicherheit folgende Forderungen:
- einfache Bedienung,
- Robustheit gegenüber Bedienungsfehlern,
- keine Überraschungseffekte,
- Systemzustand vom Bediengerät aus feststellbar,
- definierter Anfangszustand herstellbar und
- automatisches Dialogprotokoll.

Der Zusammenhang mit der Verständlichkeit besteht vor allem darin, daß eine übersichtliche MMS die Unsicherheit des Benutzers hinsichtlich des bestehenden Systemzustandes und der zu erwartenden Folgen seiner geplanten Eingriffe verringert.

Unnötig komplizierte Kommandos überlasten die Merkfähigkeit und führen unter Streß zu erhöhter Fehlerrate.

Ein *robustes System* toleriert innerhalb gewisser Grenzen Bedienungsfehler. Wenn das nicht möglich ist, sollen die Fehlerfolgen in

---

[37] Vgl. [FLO81], [MOR83], [NEW77] und [SHN79].
[38] Z. B. erwartet der Benutzer beim einfachen Eingeben von Texten eine schnellere Reaktion als nach Eingaben, aufgrund derer er eine komplizierte Auswertung erwartet.

einem „vernünftigen" Verhältnis zum verursachenden Fehler stehen.[39]

Eine *sichere* MMS sollte Überraschungseffekte vermeiden; d. h. das System sollte sich so verhalten, wie der Benutzer es erwartet.[40]

Sind schwerwiegende und eventuell unabsehbare Resultate eines Kommandos zu erwarten, so ist eine Rückfrage des Systems mit Angabe der zu erwartenden Folgen[41] mit der Aufforderung zur nochmaligen Bestätigung sinnvoll. Dies ist u. a. dann der Fall, wenn der normale Betriebszustand eines Prozesses verlassen werden soll und eventuell mit Unstabilität zu rechnen ist. Dies gilt aber auch dann, wenn durch kleine Wertänderungen bei der Eingabe sehr starke oder sprunghafte Reaktionen auftreten können.[42]

Da die Sinnhaftigkeit bestimmter Eingriffe in den Prozeß vom Kontext (vom gerade bestehenden Zustand) abhängt, ist es wesentlich, diesen Zustand entweder dauernd anzuzeigen,[43] oder auf Kurzanfrage auszugeben. So wäre z. B. ein Kommando zum Auslösen eines Schalters sinnlos, wenn man nicht sicher ist, daß der richtige Schalter angesteuert wurde.

Bei (ev. teilweise) reversiblen Kommandos ist es sinnvoll, als Eventualmaßnahme zur Verringerung der Fehlerfolgen einen definierten Anfangszustand herzustellen[44] und das Kommando korrekt neu einzugeben.[45]

Zur Problemanalyse, als Grundlage für Verbesserungen und zur Feststellung juristischer Verantwortung, ist eine automatische Dialogprotokollierung bei kritischen Echtzeitprozessen wichtig.[46]

Eine *Problemanalyse*[47] kann zwar einen bereits angerichteten Schaden nicht mehr ungeschehen machen, kann aber die Grundlage für das Vermeiden zukünftiger Fehler liefern.

Besonders in Trainingssituationen (vgl. Kap. 2.4), in denen der Echtzeitprozeß durch seine Simulation ersetzt wurde, ist dieses Protokoll ein wichtiger Lernbehelf.

Die *Anpaßbarkeit* der MMS erlaubt die Berücksichtigung spezieller Benutzerwünsche ohne Umprogrammieren des

---

[39] Vgl. Kap. 3.4.3.

[40] Z. B. wäre ein Auto extrem unsicher, das nach links fährt, wenn man nach rechts lenkt und umgekehrt.

[41] Vorausgesagt z. B. aufgrund einer Simulation.

[42] Vgl. [ZEE78].

[43] Vgl. das Lauflampenkonzept, siehe Kap. 3.2.

[44] Ev. als Rücknahme des Kommandos; sog. UNDO-Funktion.

[45] Z. B. ermöglicht der Steuerquittungsschalter die Rücknahme jedes Befehls vor dessen endgültiger Auslösung.

[46] Vgl. den Fahrtenschreiber bei LKW oder den Flugschreiber bei Flugzeugen zur Beweissicherung.

[47] PA vgl. [KEP65] und [SIE80].

Gesamtsystems. Daneben ist die Anpaßbarkeit ein wichtiges Vertriebsargument.

Wichtig sind die folgenden Forderungen:
– anwenderbezogene Dialoggestaltung,
– Anpassung an die Anwenderfähigkeiten und die
– Generierbarkeit durch den Anwender.

Die MMS muß dazu als *Programmodul*[48] realisiert werden, der funktionell von anderen Programmen weitgehend isoliert ist, und mit ihnen nur über eine standardisierte Schnittstelle [49] verkehrt. Dieser Modul besteht aus einem Dialograhmen und Tabellen, die durch einen Generator aus der Dialogspezifikation erzeugt wurden.[50] Von geübten Benutzern (z. B. vom Daten- und Systemverwalter) kann diese Generierung selbst durchgeführt werden.

Die funktionelle Isolierung des Dialogmoduls und die Generatortechnik verkleinern den Anpassungsaufwand gegenüber einer Anpassung durch Umprogrammierung wesentlich; sie verringern auch die Gefahr von Seiteneffekten.

2.2 Besonderheiten von Echtzeitsystemen

Die Echtzeitkopplung zum Prozeß hat wesentlichen Einfluß auf die MMS. Zunächst werden, in Kap. 2.2.1, Echtzeitsysteme und normale EDV verglichen; dann wird in Kap. 2.2.2 der Einfluß des Automatisierungsgrades insbesondere im Hinblick auf die Stärke der dynamischen Kopplung von Mensch und Prozeß untersucht. Dabei werden nicht nur MMS gegenüber einem Rechner, sondern auch ganz alltägliche MMS, wie die beim Auto oder beim Fahrrad mitberücksichtigt. Gerade an diesen relativ einfachen Systemen lassen sich die dynamischen Einflüsse besonders klar erleben.

2.2.1 Vergleich von Echtzeitsystemen mit normaler EDV

Tabelle 3 enthält eine Gegenüberstellung beider Systemtypen. Diese bezieht sich nur auf die *real-time-Aufgaben* (z. B. des Betreibers), nicht auf *on-line-Aufgaben,* die nicht unter Echtzeitbedingungen ablaufen (z. B. die des Daten- und Systemverwalters). Diese Aufgaben entsprechen weitgehend denen der normalen EDV.

Im Fall der *EDV* ist der Mensch mit dem Rechner zwar on-line verbunden; doch kommt es nur auf die richtige *Reihenfolge* im

---

[48] Package im Sinn von Ada.
[49] Vgl. Kap. 3.3.2.
[50] Vgl. Abb. 34 in Kap. 3.3.

	Echtzeitsysteme	normale EDV
Dynamikschwerpunkte	optimale Reaktionszeit	maximaler Durchsatz
Datenrate, Output über MMS	hoch (jedoch über Prioritäten selektierbar)	rel. gering (Hauptoutput über Drucker) keine Prioritäten
Datenrate Input über MMS	gering (Steuer/Auswahl-Kommandos)	rel. hoch (Formulare, Masken) ohne unmittelbaren Zeitdruck
Beteiligte Sinne	mehrere: Auge: Graphik/Daten, Meßgeräte, Ohr: Hupe, digitale Sprache	meist Terminal/Tastatur/ Graphik -> Auge ev. Ohr für Auskunft meist nur 1 Gerät (Multifunktionsterminal)
Prüfung der Daten	unbedingt vor Auslösung (im Fehlerfall Wiederholen der Eingabe) UNDO-Funktion wichtig (nicht überall möglich) Fehlerstop verboten!! (Prozeßabsturz).	möglichst vor Auswertung, ev. Fehler in Liste ausgeben; in späterem Korrekturlauf beheben. Stop wegen wesentlicher Fehlangaben möglich (eher Termination des Anwendungsprogrammes).
Denkweise des Benutzers	prozeßbezogen Klarheit der Kommandos wichtig (oft keine Zeit zum "Nachschlagen") oder HELP --> selbstklärend.	auf Anwendung oder Entwicklung ("Informatiker") bezogen. Manuals/HELP eher möglich.

Tabelle 3. Vergleich Echtzeitsystem und normale EDV

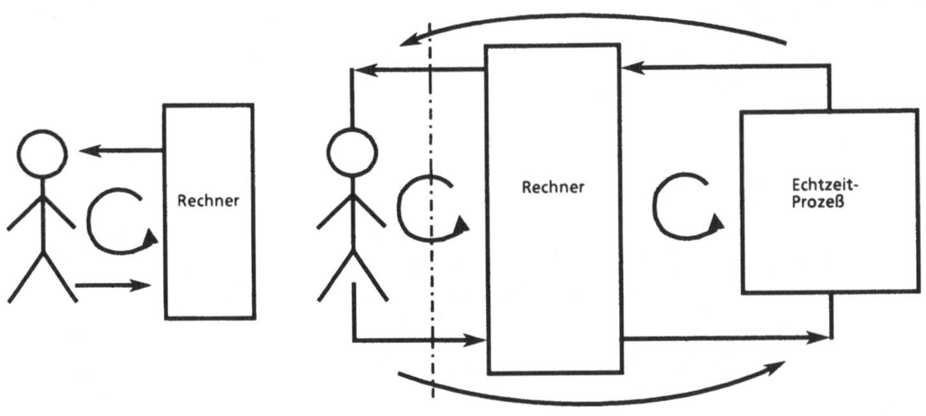

Abb. 4. MMS in normaler EDV und im Echtzeitsystem

Dialog an; nicht auf die *realen Zeitpunkte*, zu denen die Dialogschritte erfolgen.[51]

Sieht man die typische Struktur eines an einen Prozeß gekoppelten Rechners unter Echtzeitbedingungen an (vgl. Abb. 4), so sind sowohl der Prozeß als auch der Mensch, in verschiedener Intensität,
mit Ein-/Ausgabekanälen des Rechners verbunden.

Uns interessiert hier zwar vorwiegend die MMS, doch spielt die
Prozeßkopplung für die Art und Menge der an den Menschen über-
tragenen bzw. von ihm erwarteten Informationen eine wesentliche
Rolle.

An der MMS finden zwei Arten von Kommunikationsakten
statt:
- Ausgabe an den Menschen und
- Eingabe durch den Menschen.

Diese sind aneinander im Unterschied zur normalen EDV nicht
streng E-A-E-A ... gekoppelt, sondern es können sowohl vom
Rechner als auch vom Menschen *spontan* Daten übermittelt werden,
deren Zeitpunkt im allgemeinen nicht vorhersehbar ist.

Daneben existieren auch streng zeitgebundene („erwartete")
Kommunikationsakte. Letztere stellen an der Schnittstelle zwischen
Rechner und Prozeß den Großteil des Informationsaustausches
dar;[52] spontan erfolgen z. B. Meldungen von Zustandsänderungen.[53]

Bei der Einteilung von *Meldungen* und *Eingaben* möchte ich jene
Merkmale hervorheben, die für die Gestaltung des Dialogs und
seine technische Realisierung wichtig sind:

2.2.1.1 Meldungen

Folgende Typen können unterschieden werden:
- regelmäßig bzw. spontan,
- Reaktion erforderlich[54] oder Reaktion nicht erforderlich,
- unter Echtzeitbedingungen (*im Prozeß*) oder ohne Echtzeitbedingungen (*nicht im Prozeß*).

Regelmäßig zeitgesteuert erfolgen u. a.:
- Regelmäßige Statusberichte mit Nachführen des Prozeßzu-
  standes im inneren Modell. Der Systemzustand muß nicht unbedingt direkt angezeigt werden; er kann in der Datenhaltung

---

[51] Natürlich spielen auch bei der normalen EDV Reaktionszeiten eine wichtige Rolle,
doch beeinflussen sie nicht die *Richtigkeit* der Verarbeitung.
[52] Z. B. DDC, zeitgebundene Abfragen, ...
[53] Z. B. Störungsmeldungen, Abschlußmeldungen von Kommandos, usw.
[54] Direkte Aktion, Quittierung mit späterer Behandlung, usw.

zur Weiterverarbeitung oder zur eventuellen Ausgabe auf Abfrage gespeichert werden.[55]

– Ausgabe statistischer Daten, auch zur späteren off-line-Auswertung.[56]

Obwohl diese regelmäßig ausgegebenen Daten nicht on-line auf den überwachten Prozeß rückwirken, ist es doch sinnvoll, bestehende Sonderzustände (z. B. Grenzwertverletzungen) auch in einem Protokoll besonders zu kennzeichnen; dies auch dann, wenn ihr erstmaliges Auftreten schon als Alarm gemeldet und quittiert wurde. Der Grund liegt in einer Erleichterung von Störungsanalysen, insbesondere in Verbindung mit dem Dialogprotokoll.

Spontan ereignisgesteuert werden zeitlich nicht (genau) voraussehbare Ereignisse gemeldet, wie z. B.:

– *Quittierungen* als Abschlußmeldungen vollzogener Steuereingriffe, ebenso wie die *Abweisung* fehlerhafter Eingriffe; in diesem Fall mit der Aufforderung oder Möglichkeit zur Neueingabe.

– *Gewollte Zustandsänderungen,* die im normalen Ablauf auftreten.[57]

Derartige Ereignismeldungen werden zugleich im inneren Prozeßmodell mitgeschrieben. Sie können, müssen aber nicht, direkt angezeigt werden, da sie oft (Normalfall, bzw. Automatikbetrieb) keine Reaktion des Wartenpersonals erfordern. Bei Bedarf, z. B. zur Störungsanalyse, soll aber sowohl der aktuelle Zustand als auch seine Vorgeschichte aus der Datenhaltung und dem Dialogprotokoll abfragbar sein.

Eine Anzeige kann (mit oder ohne begleitendes akustisches Signal) z. B. im *roll-mode*[58] oder durch Steuern von Zustandsanzeigen am Graphikbildschirm oder von Signallampen erfolgen.

– *Alarme:*[59] Neben der Nachführung im inneren Modell muß zumindest ihr erstmaliges Auftreten signalisiert werden.[60] Ob Alarme vollständig (Zeit, Datum, Beschreibung, Priorität, ...)

---

ausgegeben werden sollen oder erst auf Abfrage durch das Wartenpersonal, hängt wesentlich von der Komplexität des Systems ab. In sehr komplexen Anlagen, in denen *eine* Störung eine Vielzahl von Folgealarmen (z. B. Grenzwertverletzungen) auslösen kann, ist es sicher sinnvoll,[61] nur eine prägnante *Kurzmeldung* des Alarms höchster Priorität auszugeben, und es dem Betreiber zu überlassen, weitere Daten anzufordern.

Prägnant ist eine eindeutige Angabe des Symptoms, nicht dessen detaillierte Spezifizierung.[62]

Um keine Fehlerquelle zu übersehen, kann es nützlich sein, das Quittieren *jedes einzelnen* Alarms[63] zu verlangen und erst nach Quittierung des *letzten* Alarms ein Blinklicht (Zentral- oder Sammelalarm) abzuschalten.

Ein gewolltes Negativbeispiel für unübersichtliche und die Kapazität des Wartenpersonals überfordernde Alarmbehandlung wird im Film „China-Syndrom" am Beispiel einer Großstörung in einem Kernkraftwerk verwendet. (Unübersichtliche Signalfarben, große blinkende Flächen, keine Priorisierung, ...)

Die Anzeigepriorität kann sich *dynamisch ändern*. So könnten z. B. im Normalbetrieb alle Abweichungen gemeldet werden, bei Großstörungen nur die z. B. 10 wichtigsten.

Über die Form von Meldungen (Text, Graphik, Anzeigen, ...) muß jeweils im konkreten Fall entschieden werden; vgl. Kap. 3. Jedoch sollte entweder der Ort der Störung (im Anlagenbild der Warte oder am Graphik-Sichtgerät) direkt angezeigt werden oder dem Betreiber mittels HELP-Funktion oder Lauflampentechnik das Ansteuern der Störstelle erleichtert werden.

2.2.1.2 Eingaben

Folgende Typen können unterschieden werden:
– regelmäßig zu festen Zeitpunkten oder unregelmäßig,
– Kommando, Quittierung, Kommentar,
– mit oder ohne Echtzeitbedingungen.

Regelmäßige Eingaben sind eher selten, da diese genausogut zu definierten Zeitpunkten von einem File oder sonstwie automatisiert erfolgen können.[64]

---

[61] Wegen der sonst drohenden Reizüberflutung.
[62] Z. B. im Auto eine Anzeige „Öldruck zu niedrig", nicht dessen Zahlenwert.
[63] Oder jeweils zusammenhängender Gruppen von Alarmen.
[64] Z. B. prognostizierter Lastverlauf stündlich eingegeben.

Eine Ausnahme stellt die *Totmannschaltung* dar, die durch die Notwendigkeit einer regelmäßigen Eingabe (z. B. Tastendruck) das Wachsein des Betreibers (z. B. des Zugsführers) bei kritischen Prozessen überwachen soll.

nichtregelmäßige Eingaben können entweder als Reaktion auf eine Meldung (z. B. Alarm) oder spontan[65] erfolgen.

Kommandos starten einen Prozeß, geben Parameter an, usw. Ihre Annahme zur Ausführung durch den Rechner sollte, nach vorheriger Prüfung, in jedem Fall vom Rechner quittiert werden.

Quittierungen des Menschen als Reaktion auf Meldungen sollen kurz und einfach sein und der entsprechenden Meldung[66] eindeutig zugeordnet sein. Das Quittieren eines Alarms bedeutet nur, daß der Alarm zur Kenntnis genommen wurde, nicht aber, daß auch alle erforderlichen Maßnahmen zur Behebung der Störung getroffen wurden.

Kommentare haben keinerlei Wirkung auf den Prozeß; sie dienen nur der Dokumentation, insbesondere im Betriebsprotokoll.[67]

2.2.2 MMS und Automatisierungsgrad

ZumVerständnis der MMS in Echtzeitsystemen ist das Eingehen auf die Dynamik rückgekoppelter Systeme nötig. Das ist das Gebiet der Regelungstheorie.[68] Insbesondere müssen *offene Ursache-Wirkungs-Ketten* von *geschlossenen Kreisen* unterschieden werden, in denen die Wirkungen auf die Ursachen zurückwirken (feedback).

Mensch, Rechner und überwachtes System sind meist zu einem komplexen feedback-System verbunden. Abb. 4 zeigt einige der Kreise.

Es besteht ein enger Zusammenhang zwischen MMS und Automatisierungsgrad, insbesondere durch die mehr oder weniger enge Kopplung zwischen Mensch und Prozeß. Wir werden dies an
- nichtautomatisierten (Kap. 2.2.2.1),
- teilautomatisierten (Kap. 2.2.2.2) und
- vollautomatisierten (Kap. 2.2.2.3) Prozessen

zeigen, dann diese Typen hinsichtlich ihrer Auswirkung auf die MMS vergleichen (Kap. 2.2.2.4) und schließlich die Auswirkungen verschieden enger Kopplung zwischen Mensch und Prozeß an Beispielen (Kap. 2.2.2.5) demonstrieren.

---

[65] Z. B. Zustandsabfrage oder Start eines Prozesses.

[66] Wenn nicht anders angegeben, der zeitlich letzten Meldung.

[67] Z. B. Angaben über eingeleitete Maßnahmen zur Störungsbehebung oder Erfassung besonderer Vorkommnisse.

[68] Vgl. z. B. [SOL59].

2.2.2.1 Nicht automatisierte Prozesse

benötigen eine sehr detaillierte MMS; alle Regelkreise, auch die für Optimierungen, sind über den Menschen geschlossen, vgl. Abb. 5. An der MMS besteht eine starke Kopplung mit dem Prozeß. Dies gilt besonders für an sich instabile Systeme; z. B. ein Fahrrad.

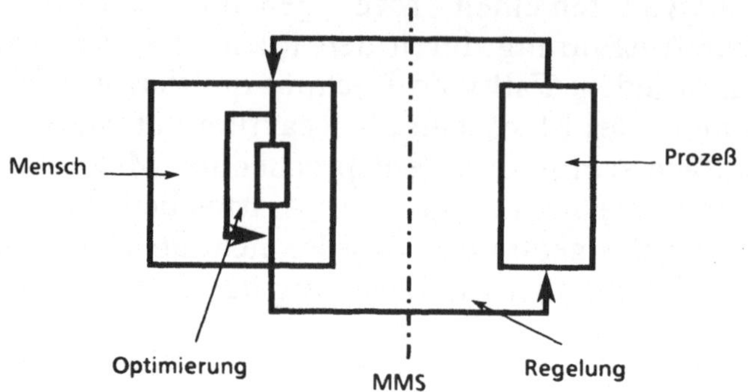

Abb. 5. MMS bei nichtautomatisiertem Prozeß

Die MMS liegt sehr nahe am Prozeß. Das System ist ohne direkte Mitwirkung des Menschen nicht betriebsfähig.

2.2.2.2 Teilautomatisierte Prozesse

Hier sind die Regelkreise, zumindest zum Teil, schon über technische Komponenten geschlossen. An der MMS werden (zum Teil detaillierte) Zustandsmeldungen ausgegeben und Sollwerte eingegeben. Mit diesen Mitteln kann der Mensch[69] den Prozeß nach einem vorgegebenen Plan führen oder Optimierungen durchführen.

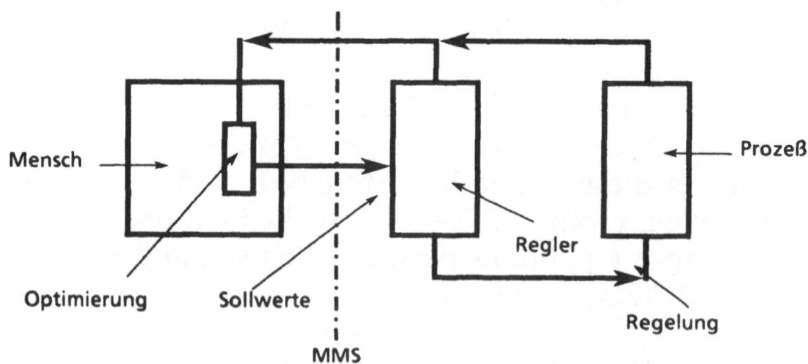

Abb. 6. MMS bei teilautomatisiertem Prozeß

---

[69] Eventuell mit off-line-Rechnerunterstützung.

Gegenüber dem nicht automatisierten Fall ist die MMS weiter vom Prozeß entfernt; es besteht eine losere Kopplung. Das System ist, unoptimiert, im Normalbetrieb auch ohne den Menschen funktionsfähig.

Eine Zwischenstufe stellt das *operators-guide* dar. Hier schlägt der Rechner Aktionen vor, die der Mensch durch Bestätigung durchführen, aber auch abändern bzw. ablehnen kann. Weiterhin laufen alle *Kommandoeingriffe* über den Menschen; er erhält aber bereits durch Zusammenfassung aufbereitete Informationen, die ihm die Übersicht und damit die Entscheidungsfindung erleichtern.

Obwohl die Kommandogabe ausschließlich durch den Betreiber erfolgt, können als *Sicherungsfunktion* offensichtlich gefährliche Befehle vor ihrer Ausführung abgefangen werden.[70] Im Notfall kann diese Sperre, in voller Verantwortung des Betreibers, und mit nicht abschaltbarer Protokollierung im Betriebsprotokoll dokumentiert, übergangen werden. Damit ist hinsichtlich der MMS (vorübergehend) der nicht automatisierte Betriebsfall hergestellt.

Da in der Realität der Übergang zur Teilautomatisierung meist schrittweise erfolgt, kann als Zwischenstufe auch nur ein Teil der primären Regelkreise automatisiert werden. Meist sind dies die „problemlosen", deren Verhalten schon gut verstanden wird.

2.2.2.3 Vollautomatisierte Prozesse

Hier sind sowohl die primären als auch die sekundären (Optimierung) Regelkreise über technische Mittel geschlossen. Menschliche Eingriffe sind nur zum Start oder Stop des Prozesses, bei der Auswahl von Verfahrensvarianten (strategische Entscheidungen)

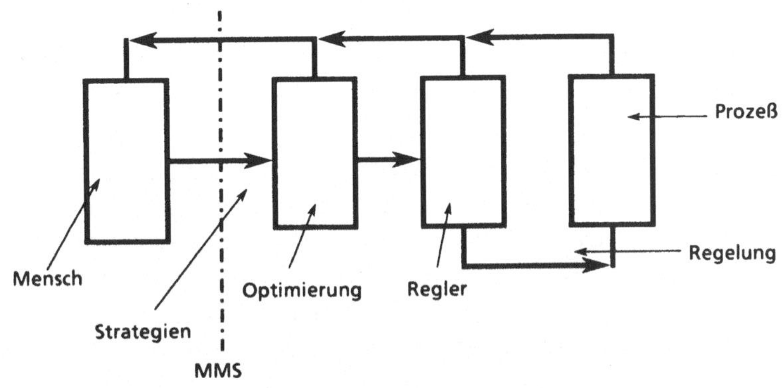

Abb. 7. MMS bei vollautomatisiertem Prozeß

---

[70] Vgl. das Antiblockiersystem von Autos.

und eventuell in Sonderfällen nötig. Meldungen beschreiben den Systemzustand und die gewählte Strategie global.

Die MMS ist weit vom Prozeß entfernt; es besteht nur eine schwache Kopplung. Im Normalfall ist der Prozeß, auch optimiert, allein voll funktionsfähig.

2.2.2.4 Vergleich der Prozeßtypen hinsichtlich der MMS

Vergleicht man die drei Haupttypen, so zeigen sich folgende, in Tabelle 4 zusammengefaßte, Unterschiede:[71]

	Nicht automatisiert	Teilautomatisiert	Vollautomatisiert
Informationsfluß über MMS	sehr hoch	mittel	klein
Zahl der Melde-Eingriffsorgane	extrem hoch	hoch	gering
Kopplungsgrad an MMS	stark	relativ lose	schwach
Abstraktionsgrad der Eingriffe/ Meldungen	sehr klein	mittel	hoch
Nötiges Prozeß-Verständnis	hoch im Detail	strukturell tiefgehend	global
Nötige Reaktions-zeit d. Menschen	schnell	mittel	langfristig
Typische Warten-Elemente	Meßgeräte, Analogeingabe, Einzelschalter, Signallampen	Blockschaltungen, weniger Lampen, Meßgeräte, Sollwertsteller	Sichtgeräte (ev. Graphik), wenige charakteristische Werte, Details auf Anfrage
....	....	....	....

Tabelle 4. Vergleich der MMS bei verschiedenem Automatisierungsgrad

Bei nicht automatisierten Prozessen steht jederzeit beliebige *Detailinformation* zur Verfügung; es kann an beliebiger Stelle auf beliebige Weise in das Prozeßgeschehen eingegriffen werden. Das heißt aber nicht,[72] daß, z. B. infolge von Reaktions- oder Totzeiten, jeder gewünschte Systemzustand erreicht werden kann.

Besonders im Notfall besteht die Gefahr, durch das große Ange-

---

[71] Die Angaben beziehen sich auf den Normalbetrieb, doch zeigen sich auch im Fehlerfall charakteristische Unterschiede.

[72] Vgl. Kap. 2.2.2.5.

bot an ungewichteter Information die Übersicht zu verlieren;[73] auch überfordert die eventuell große Zahl gleichzeitig notwendiger Eingriffe das Bedienpersonal.

Die Zwischenform „operators-guide" erleichtert durch Zusammenfassen, Vorverarbeiten und Gewichten von Alarmen und Meldungen die Übersicht; auf gezielte Abfrage ist dennoch jede gewünschte Detailinformation verfügbar. Ebenso können komplexe Eingriffe wie *Kommandomakros* auf einmal ausgelöst werden.

Diese Strategie erlaubt die Konzentration auf das Wesentliche. Da nur wesentliche Kenngrößen und Alarme direkt angezeigt, bzw. auf Sichtgeräten ausgegeben werden, kann der räumliche Wartenumfang verringert und damit die Übersichtlichkeit erhöht werden.[74]

Bei *teilautomatisierten Prozessen* wird das System vorwiegend auf der Abstraktionsebene der Sollwerte betrieben; dadurch verringert sich das an der MMS vom Menschen zu verarbeitende Datenvolumen wesentlich. Jedoch ist auch hier tiefgreifende Kenntnis der Prozeß- und Systemstruktur notwendig, um aus Abweichungen die richtigen Schlüsse zu ziehen. Insbesondere betrifft dies Fehler des *Zusammenspiels* der Regelkreise. Dies fordert vom Menschen die Fähigkeit zur Gestalterkennung, angewandt auf komplexe Muster („Prozeßdiagnose").

Helfen können hier „Spinnennetzdiagramme", die mehrere wesentliche Systemkenngrößen samt ihren Sollwerten normiert auf 100% in einem Bild (vgl. Abb. 8) zusammenfassen.

Mit Hilfe von Graphiksichtgeräten kann damit der aktuelle Systemzustand laufend angezeigt werden.

Durch die hohe visuelle Parallelverarbeitungsfähigkeit des Menschen kann der globale Systemzustand „mit einem Blick" erfaßt werden; ganz im Gegensatz zur Darstellung in zwei Zahlenkolonnen (Soll- und Istwert). Diese Daten können den durch die Graphik gebotenen Überblick *ergänzen*, aber nicht ersetzen.[75] Ziel des Menschen ist es hier, die normierten Istwerte mit dem „Sollwertkreis" zur Deckung zubringen. Störungen (z. B. Ausfall eines wesentlichen Kennwertes, usw., ergeben ganz *charakteristische Bilder*, die mit entsprechender Erfahrung als „Symptomkomplexe" leicht diagnostiziert werden können.

---

[73] Vgl. hiezu [DOR83]. Dort wird aufgrund experimenteller Untersuchungen gezeigt, daß Menschen unter Streß dazu neigen, die wesentlichen Ziele, bzw. global kritische Zustände aus den Augen zu verlieren und sich statt dessen mit (unbewußt vorgeschobenen) Detailfragen geringer Priorität zu beschäftigen.

[74] Ein Zentralalarm mit wenigen hochprioren Meldungen erleichtert das Beherrschen von Sonderfällen wesentlich.

[75] Vgl. [POW84].

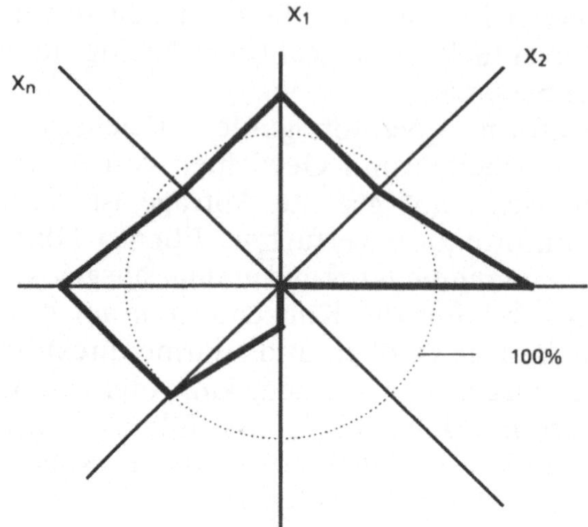

Abb. 8. Spinnennetzdiagramm

Als Beispiel wird in Abb. 9 eine vereinfachte Graphik gezeigt, in der die Kollisionsmöglichkeiten zweier Schiffe sichtbar gemacht werden.

Die beiden Pfeile geben den momentanen Ort und Geschwindigkeitsvektor zweier Schiffe an. Die Kurven rechts und links von jedem Pfeil grenzen den Bereich ein, der durch Manöver des jeweiligen Schiffes erreichbar ist. Damit erhält man durch Überlagerung[76]

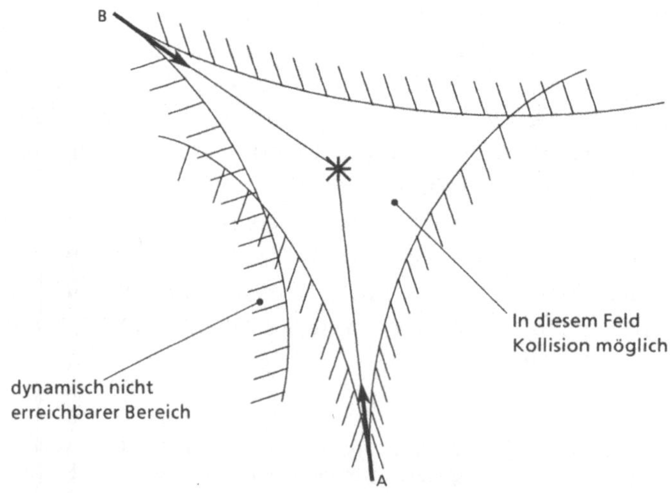

Abb. 9. Kollisionsdiagramm

---

[76] Das geht in gleicher Weise für mehrere Schiffe.

der erreichbaren Bereiche jenen Bereich, in dem eine Kollision möglich ist. Dieser Bereich wird durch (schraffiert dargestellte) verbotene Bereiche begrenzt, die von keinem Schiff erreicht werden können. Die Graphik wird laufend aktualisiert und bietet eine sehr übersichtliche Entscheidungsgrundlage. Ähnliche, aber dreidimensionale Diagramme, werden für die Navigation von Flugzeugen vorgeschlagen.[77]

Im Fall von Fehlern in primären Regelkreisen[78] kann, bzw. muß auf *Handsteuerung*, entsprechend dem nicht automatisiertem Betrieb, für die betroffenen Kreise übergegangen werden. Dies kann lokal am Gerät,[79] oder durch Fernsteuerung von der zentralen Warte aus geschehen. Der dabei auftretende Wechsel der Abstraktionsebene kann jedoch, insbesondere bei unübersichtlicher Wartengestaltung, das Wartenpersonal überfordern, wenn nicht eine entsprechende Schulung[80] durchgeführt wurde.

Typisch sind Fehler bei der Übertragung zwischen Prozeß und Rechner. Zwei wichtige Fehlertypen, die verschiedenartige Eingriffe erfordern, sind:

- Ausfall in *Kommandorichtung*: alle Meßwerte, Alarme usw. sind vollständig im Rechner verfügbar und können wie üblich dargestellt werden. Es können aber keine Kommandos an den Prozeß abgegeben werden.
  Hier kann der Prozeß wie bisher *zentral beobachtet* werden; die Kommandos müssen, nach Entsendung eines Mitarbeiters an die Anlage, z. B. über Telephon/Funk übermittelt und manuell lokal durchgeführt werden.[81]
- Ausfall in *Melderichtung*: die Übersicht über den Prozeßzustand wird schwer beeinträchtigt. Eventuell kann mit Hilfe lokaler Anzeigen und Stellglieder ein Notbetrieb aufrechterhalten werden. Er wird jedoch durch die fehlende Integration des Prozeßabbildes im Rechner wesentlich erschwert.[82]

Bei *vollautomatisierten Prozessen* tritt dieser Effekt noch verstärkt auf. Es kann eventuell technisch gar nicht mehr möglich

---

[77] Vgl. [CHM85]. Dort ist diese Prognose wegen der viel höheren Geschwindigkeiten noch wichtiger.

[78] Im allgemeinen sind nur einer oder wenige Kreise betroffen.

[79] Z. B. Druckregelventil.

[80] Vgl. Kap. 2.4.

[81] Zusätzlich müssen sie im Rechner manuell als ausgeführt markiert werden. Obwohl die Übertragung in Melderichtung funktioniert, könnte eine auf den lokalen Eingriff folgende Ausführungsquittierung z. B. wegen „Zeitfehler" (time-out) fehlen.

[82] Nach Behebung der Störung muß das zentrale Prozeßabbild durch eine *Generalabfrage*, die alle Meßwerte, Schalterstellungen usw. abfragt, nachgeführt werden.

sein,[83] das System „von Hand zu fahren". Nur mehr die Auslösung einer (Teil-) Aufgabe[84] oder eine Strategiewahl kann manuell erfolgen. Im Extremfall kann eventuell nur ein „NOTAUS-Programm" angestoßen werden,[85] das aber den vorgesehenen Prozeßablauf irreversibel abbricht.

Bei derartig kritischen Systemen muß die *Zuverlässigkeit* des Gesamtsystems durch sorgfältige Planung[86] und durch *strukturelle Redundanz* gewährleistet werden, wobei nicht alle parallelen Systeme den gleichen Fehler zeigen dürfen. Dies ist z. B. durch äquivalente, aber verschieden realisierte Programme möglich.

Wesentliches Kriterium für den beherrschbaren Automatisierungsgrad ist das *Management der Komplexität*. Dieses hat zwei Aspekte:

– Entwurf, Realisierung und

– Betrieb.

Entwurf und Realisierung. Um Systeme (teil-) automatisieren zu können, muß man sie verstehen. Dies gilt auch für unerwartetes Verhalten bzw. für Fehler und nicht nur für den Normalbetrieb!

Ein Echtzeitsystem zur Prozeßführung enthält immer, ob technisch oder im Menschen realisiert, ein Modell des zu beherrschenden Prozesses. Dieses Modell muß *Vorhersagen* über die Auswirkungen von geplanten Eingriffen, bzw. über das Zeitverhalten autonomer Prozeßabläufe ermöglichen,[87] um den Prozeß steuern oder sich anbahnende Gefahren abfangen zu können. Nur unter diesen Voraussetzungen ist die Automatisierung eines Prozesses verantwortbar!

Betrieb: Die benötige Information muß in beiden Richtungen über die MMS kommunizierbar sein und darf das Wartenpersonal nicht überfordern.[88]

Auch hier muß[89] eine gewisse Perfektion[90] vorausgesetzt werden.

Wichtig für die notwendige Enge der Kopplung mit dem Prozeß und damit für die Lage der MMS (Abstraktionsebene) ist neben dem Prozeßverständnis die Festlegung, welche Aufgaben der Mensch und welche der Rechner übernehmen soll.[91] Kriterien hiefür können sein:

---

[83] Wegen der Komplexität, der Reaktionsgeschwindigkeit, usw.

[84] Z. B. das Auslösen der Wiedereintrittsphase einer Raumfähre.

[85] Vgl. „Schleudersitz" oder Rettungsrakete.

[86] Vgl. Kap. 3.4.1 APP.

[87] Diese müssen über die MMS verständlich kommuniziert werden.

[88] Dynamisch bezüglich der Reaktionszeit des Menschen, hinsichtlich der Übersicht über die Prioritäten, usw.

[89] Vgl. Kap. 2.4.

[90] Vgl. Autoführerschein.

[91] Vgl. Kap. 2.3 und [CHM85].

- Ist mit *unvorhersehbaren* Sonderfällen zu rechnen? In diesen Fällen muß der Mensch handeln; im Routinefall genügt der Rechner.
- „Tormanneffekt" vermeiden! Um ein Nachlassen der Konzentration und des Trainingsstandes zu vermeiden, ist es sinnvoll, auch automatisierbare Prozesse (zeitweise) durch den Menschen führen zu lassen.[92]
- Ökonomische Gründe.
- Rechnerkapazität. Im Falle begrenzter Speicher- oder Verarbeitungskapazität könnten zunächst einfache, aber zeitkritische Prozeßteile automatisiert werden, während der Mensch die komplizierteren, aber nicht so zeitkritischen Teile, direkt steuert.
- Ausbildungsstand des verfügbaren Personals.

Wahl der richtigen Sprachebene: Die Sprachebene (Abstraktionsebene) an der MMS muß so gewählt werden, daß sie (mindestens) dem bisher vom Betreiber verwendeten Niveau entspricht. Ein *Zurückfallen* auf eine tiefere Ebene geringerer Abstraktion verlangt vom Benutzer unnötige und unübersichtliche Detailarbeit. Die Folge ist langsameres Arbeiten mit dem System und eine höhere Fehlerrate sowie größere Starrheit im Verhalten („Kochrezeptvorgehen"), da die Auswirkungen der vielen Detaileingriffe kaum überblickt werden können. Andererseits darf eine sehr hohe Abstraktionsebene nur dann gewählt werden, wenn man sicher ist, daß das System wirklich die vom Benutzer beabsichtigte Funktion[93] durchführt.

2.2.2.5 Beispiele

Wir werden nun die obigen Überlegungen auf einige praktische Beispiele anwenden, und diese ihrem Automatisierungsgrad entsprechend einordnen:
- *Warten zur Prozeßführung*: ursprünglich nicht automatisiert, dzt. teilautomatisiert; eventuell als Notfallsreserve bei vollautomatisierten Prozessen beibehalten.
- *Auto*: ursprünglich nicht automatisiert, dzt. Übergang zur Teilautomatisierung.[94]

---

[92] In [CHM85] sehen Flugzeugpiloten die Automatisierung positiv an, wollen aber zur Übung immer wieder zeitweise selbst fliegen.

[93] Auch hinsichtlich eventueller Nebenwirkungen! (vgl. das Märchen vom „Zauberlehrling" mit seiner nur teilweise beherrschten „Besen-MMS").

[94] Synchronisierung des Getriebes, automatisches Getriebe, Antiblockiersystem, Startautomatik, Zustandsüberwachung, Diagnose, ...

- *Fahrrad*: nicht automatisiert.
- *Stereoanlage/Videorecorder*: nicht automatisiert; im Übergang zur Teilautomatisierung.
- *Raumheizung*: Ofen nicht automatisiert; Zentralheizung teilautomatisiert (nur Sollwertvorgabe).
- *Flugzeug*: Drachengleiter und Segelflugzeug nicht automatisiert; Verkehrsflugzeug teilautomatisiert; Raumfähre vollautomatisiert.

Einige Beispiele sollen nun den Einfluß verschieden hoher Abstraktionsebenen auf die MMS zeigen:

Kraftwerkssteuerung:

- Tiefste Ebene (vgl. Abb. 10): Das Bild zeigt die Warte eines 1914 gebauten und noch im Betrieb befindlichen Wasserkraftwerkes. Das Bild wird beherrscht von lokal abzulesenden Meßgeräten und von Handrädern als Stellglieder. Im Hintergrund ist eine „Marmorschalttafel" sichtbar, auf der die wichtigsten Meßwerte angezeigt werden und von wo aus mit Schaltern und Regelwiderständen das Kraftwerk gesteuert werden kann. Automatisiert ist allein die Drehzahlregelung (Frequenzregelung) der Turbine (Fliehkraftregler im Vordergrund).

Abb. 10. Nichtautomatisierte Kraftwerkswarte
Quelle: Siemens

– Höchste Ebene (vgl. Abb. 11): Das Bild zeigt die voll automatisierte Blockwarte eines modernen Dampfkraftwerkes. Die Beobachtung und Bedienung erfolgt über ein Kompaktwartenpult, das Anzeigegeräte und Bedienungsorgane enthält, sowie über Bildschirme, auf denen Systemzustand, Meßwerte, usw. in beliebiger Detaillierung abgerufen werden können. An der Saalwand werden statt eines Prozeßdiagramms die wichtigsten, teilweise indirekt errechneten, Kenngrößen für Betrieb und Sicherheit angezeigt. Dazu werden sowohl Zeigerinstrumente, Schreiber,[95] Spezialgeräte und Graphiksichtgeräte verwendet.[96]

Durch Benutzerführung stellt das Prozeßleitsystem sicher, daß Störungen und deren Ursachen schnell erkannt und eventuelle Gegenmaßnahmen eingeleitet werden können.

Man erkennt an diesen beiden Beispielen deutlich die verschiedenen Abstraktionsebenen der MMS von 1914 und 1985.

Ein *Auto* soll von Wien nach Baden gesteuert werden:

– Tiefste Ebene: Das „Fahrprogramm" muß in definierte

Abb. 11. Vollautomatisierte Kraftwerkswarte
Quelle: Siemens

---

[95] Zur Protokollierung auch bei Ausfall des Leitrechners.
[96] Näheres dazu vgl. Kap. 3.2.

Lenkraddrehungen, Betätigungen von Gas- und Bremspedal, usw. aufgelöst werden. Es ergibt sich ein sehr langes, unflexibles Programm, das z. B. kein Ausweichen vor unvorhergesehenen Hindernissen ermöglicht.

- Höhere Ebene: Es werden „Teilfahrwege" definiert; z. B.:
  „Aus Garage auf Fahrbahn fahren",
  „100 m geradeausfahren",
  „linksabbiegen und dann 250 m mit $v = 50$ km/h fahren"
  usw.
  Es ergibt sich ein kürzeres Programm, das dem Problemfeld „Transport" schon besser entspricht und bereits eine gewisse Flexibilität im Detail erlaubt.[97]
- Höchste Ebene: Der Zielort „Baden" wird angegeben; der Ausgangsort ist implizit bekannt. Die nötige Detailinformation wird aus Kartenmaterial, dem Straßenzustand, usw. automatisch hinzugefügt. Es muß nur die aus der Sicht des „normalen" Benutzers (z. B. eines Taxis) notwendige Information übergeben werden. Das System entspricht einem intelligenten Chauffeur; sucht sich den kürzesten Weg, umfährt Hindernisse, usw.

Dieses Beispiel mag trivial erscheinen, doch entspricht heute erst die zweite Stufe dem Stand der Technik. Fahrzeugsteuerungen entsprechend der höchsten Stufe sind heute noch Forschungsprojekt.[98]

MMS der *Programmentwicklung*:
- Tiefste Ebene: Programmieren im Maschinencode. Der Schwerpunkt liegt auf der Bearbeitung der Detaildaten mit Elementaroperationen.
- Höhere Ebene: Höhere prozedurale Sprache.[99] Der Schwerpunkt liegt auf dem WIE der Problemlösung.
- Ziel-Ebene: Sehr hohe Programmiersprache (VHLL), eine non-procedural-language. Der Schwerpunkt liegt darauf, WAS zu tun ist, nicht, wie es geschehen soll.

Fertigungsautomatisierung, Steuerung numerischer Werkzeugmaschinen (DNC):[100]
- Tiefste Ebene: Programmieren jeder einzelnen *Bewegung*.

---

[97] Z. B. über eine Kreuzung nur bei „Grün" fahren, Hindernisse umfahren, NOTAUS, usw.

[98] Auf der 5. Generation-Computer-Conference Rotterdam 1984 wurde ein Forschungsprojekt der DARPA für intelligente automatische Landfahrzeuge (Panzer) vorgestellt. Die „cruise-missiles" entsprechen schon heute dem vollautomatischen Prozeß, der vom Menschen nur noch gestartet wird.

[99] Z. B. PASCAL, ADA.

[100] Vgl. [SAU85].

Dazu muß jede Achse (jeder Freiheitsgrad) mit den zugehörigen Zahlenwerten versorgt werden. Dies entspricht einer mechanischen Fertigungsstraße oder einer einfachen DNC-Maschine.
- Höhere Ebene: Programmieren auf der Ebene der *Bahnsteuerung*. Dazu muß die Bahn des Werkzeugs gegenüber dem Werkstück festgelegt werden (WIE). Die der tiefsten Ebene entsprechenden Detailbewegungen werden von einem Generatorprogramm daraus abgeleitet.
- Ziel-Ebene: Die mittels computer-aided-design (CAD) erstellte Konstruktionszeichnung (bzw. die ihr entsprechenden Daten) dienen für die automatische Fertigung als Programm (WAS).

Klavierspielen:
- Tiefste Ebene: Bewußtes Anschlagen jeder einzelnen Taste mit vorgegebener Stärke und Dauer. Dies entspricht einer frühen Lernphase. Der Schwerpunkt liegt auf der *richtigen* Reihenfolge der Noten.
- Höhere Ebene: Es werden *höhere Einheiten* (Akkorde, Tonleitern, Motive, ...) gemeinsam behandelt; das „Ausgeben" der einzelnen Noten ist bereits durch Übung automatisiert und erfolgt unbewußt. Dies entspricht einem geübten Amateur.
- Ziel-Ebene: Das ganze Musikstück kann fast automatisch richtig wiedergegeben werden. Es geht nun darum, die *Bedeutung* des Stückes auszudrücken; das „richtige Spielen" ist Voraussetzung dafür. Dies ist die Abstraktionsebene des Meisters.

Die obigen Beispiele zeigen, daß die Sprachebene so hoch liegen soll, daß sie den Menschen von *unnötigen Details* entlastet. Die Beherrschung der darunter liegenden Ebenen ist dazu Voraussetzung, da anderenfalls der Mensch die Kontrolle verliert.[101] Das heißt aber auch, daß die Teil- oder Vollautomatisierung eines Prozesses erst dann möglich ist, wenn man ihn zunächst auf der Detailebene versteht und beherrscht. Erst dann können jeweils einfachere Funktionen an einen Rechner delegiert werden!

Ähnliches gilt auch für die Sprachebene von Fehlermeldungen und sonstigen Ausgaben.

Die Wahl der Abstraktionsebene an der MMS hat Konsequenzen für die Realisierung:[102]

---

[101] Der Rechner kann nicht „erraten", was der Benutzer wirklich will!
[102] Vgl. Kap. 3.2 und 3.5.

– Die tiefste (maschinennahe) Ebene wird meist durch die Hardware oder einfache Betriebssystemfunktionen realisiert.
– Die höhere (prozedurale, WIE) Ebene setzt einen entsprechenden Übersetzer in die tiefste Ebene voraus.[103]
– Auf der (objekt- und datenorientierten) WAS-Ebene muß das Kommunikations- und Interpretationssystem der MMS aus der Problembeschreibung selbst die Lösungsstruktur ableiten. Dazu kann durchaus auf Vorwissen[104] zurückgegriffen werden.

Der Mehraufwand zur Realisierung einer höheren Abstraktionsebene[105] kann beträchtlich sein. Einsparungen ergeben sich aber insbesondere dann, wenn an der MMS nicht ein starrer Ablauf, sondern hohe Flexibilität gefordert wird. Dann kommen die Vorteile:
– verständliche Kommunikation,
– schnellere Reaktionsmöglichkeit des Menschen,
– geringere Fehlerrate und
Anpassbarkeit[106]
voll zur Geltung.

Als Beispiel für die Auswirkungen verschieden starker Kopplung an den überwachten Prozeß soll das *Fernsteuern eines Stelltransformators* dienen. Die Struktur ist in Abb. 12 dargestellt.[107]

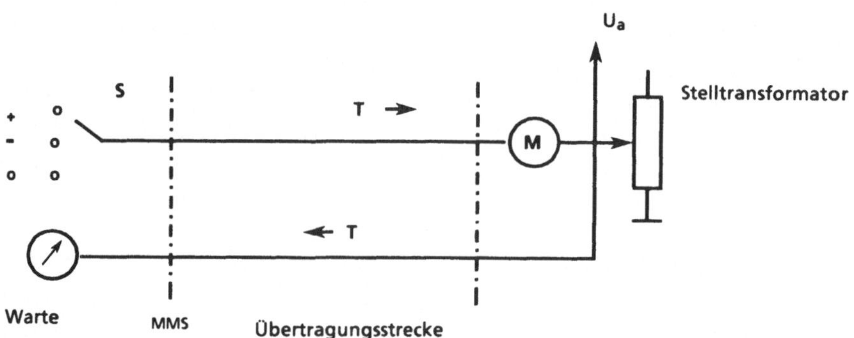

Abb. 12. Fernsteuern eines Stelltransformators

---

[103] Vgl. den Postprocessor bei DNC-Maschinen.
[104] Knowledge-base in Expertensystemen, vgl. [PUP86].
[105] Übersetzerbau, Speichern des Hintergrundwissens, . . .
[106] Adaptive MMS, vgl. Kap. 3.5.3.
[107] Es handelt sich um ein fiktives Beispiel zur Demonstration der Problematik. In einem realen System kann man die Übertragungseinrichtungen meist so entwerfen, daß keine störenden Totzeiten auftreten.
Ähnliche Schwierigkeiten wie im Beispiel traten bei der Steuerung des „Mondautos" von der Erde aus auf. Die Laufzeit (bedingt durch die endliche Lichtgeschwindigkeit) zwischen der Bildaufnahme durch die am Fahrzeug montierte Videokamera bis zum Sichtgerät auf der Erde betrug ca. 1 sec; ebenso wurden Steuerkommandos erst nach 1 sec am Fahrzeug wirksam. Der Fahrer mußte also 2 sec vorausschauend steuern.

Mit einem Schalter S in der Warte kann ein Stellmotor M vor- und rückwärts gesteuert, bzw. stillgesetzt werden. M bewegt den Abgriff am Transformator und stellt damit die gewünschte Ausgangsspannung ein. Der Motor läuft solange in Vor- oder Rückwärtsrichtung, als der Steuerschalter geschlossen ist. Er zeigt integrierendes Verhalten; d. h. die Stellung des Abgriffes und damit die Ausgangsspannung ändern sich linear mit der Zeit, solange S geschlossen ist, bzw. bleibt in dessen Nullstellung konstant.

Die Ausgangsspannung des Transformators wird lokal gemessen und an ein Anzeigegerät in der Warte übertragen. Damit ist eine Kontrolle (feedback) der am Transformator eingestellten Spannung möglich.

Die Übertragung des Steuersignals (vom Schalter zum Stellmotor), sowie die Rückübertragung der lokal gemessenen Spannung an die Warte benötigen jeweils eine Laufzeit T, die von der verwendeten Übertragungstechnologie abhängt. Der Regelkreis enthält daher zwischen der Betätigung des Steuerschalters und der Rückmeldung des Ergebnisses insgesamt eine *Totzeit* von 2T. Dieser Regelkreis wird als Blockschaltung in Abb. 13 dargestellt.

Dabei bedeuten:

Ua.......Ausgangsspannung des Stelltransformators,

Ua'(t) = Ua(t-T) ...verzögert gemessene Ausgangsspannung,

Us....... Sollwert der Ausgangsspannung und

x = sign(Us-Ua') ...Steuergröße des Stellmotors

Wenn die Totzeit nicht sehr klein ist gegenüber der Zeit, die der Stellmotor zum Durchlaufen seines Stellbereiches braucht, treten

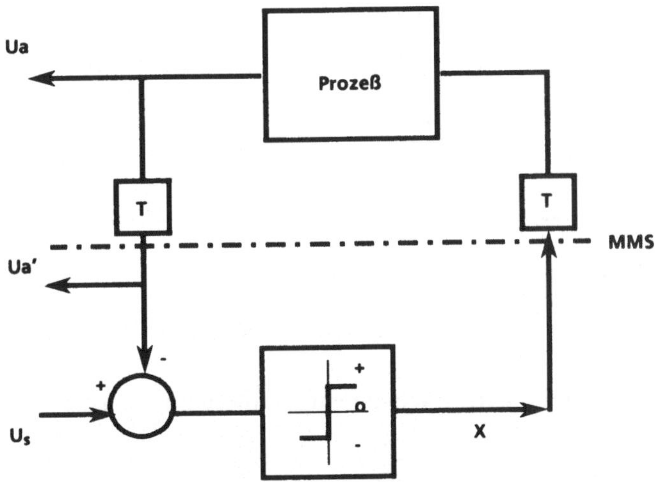

Abb. 13. Regelkreis mit Totzeit bei der Übertragung

Schwingungen auf.[108] Der Meßwert pendelt um den Sollwert, der nie erreicht werden kann. Der zeitliche Ablauf ist in Abb. 14 dargestellt.

Da die Ausgangsspannung Ua zunächst unter dem Sollwert Us liegt, wird mit dem Schalter S das Signal $x = +1$ zum Hochlaufen des Stellmotors gegeben, das dort nach der Totzeit T eintrifft. Ab dann steigt Ua zeitlinear an, was an der Anzeige Ua' in der Warte erst nach der zweiten Totzeit T sichtbar wird. Zum Zeitpunkt t_1 überschreitet Ua den Sollwert; Ua' erst um T später $(t_1 + T)$. Das dann erfolgende Umschalten auf $x = -1$ wird an M erst um T verzögert wirksam, sodaß M zwischen t_1 und $t_1 + 2T$ noch weiterläuft, wodurch eine zu hohe Ausgangsspannung Umax erreicht wird.

Ab $t_1 + 2T$ sinkt Ua ab, erreicht bei t_2 wieder den Sollwert und unterschreitet ihn in ähnlicher Weise im Verlauf von 2T bis Umin. Darauf wiederholt sich der Zyklus; Ua und verzögert Ua' pendeln um Us, erreichen ihn aber nicht.

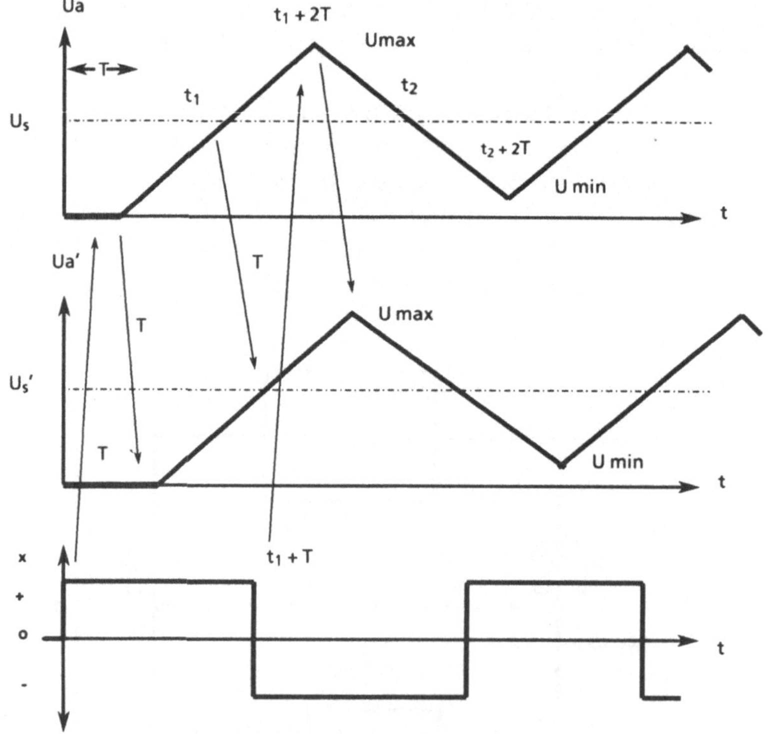

Abb. 14. Zeitverhalten beim Fernsteuern mit Totzeit

---

[108] Unstabilität in Form eines Grenzzyklus.

Bei diesem nicht automatisierten Prozeß (vgl. Kap. 2.2.2.1) ist kein stabiler Zustand erreichbar. Geht man durch Einführen einer lokalen Spannungsregelung zu einem teilautomatisierten Prozeß (vgl. Kap. 2.2.2.2) über, dessen Blockschaltung in Abb. 15 dargestellt ist, so werden die stabilitätsgefährdenden Totzeiten auf den Übertragungsstrecken aus dem Regelkreis entfernt. Da nur mehr der Sollwert übertragen und nicht mehr direkt in den Regelkreis eingegriffen wird, ist die Kopplung zum Prozeß an der MMS schwächer als im vorigen Beispiel. Es ergibt sich *stabiles Verhalten,* wie in Abb. 16 dargestellt.

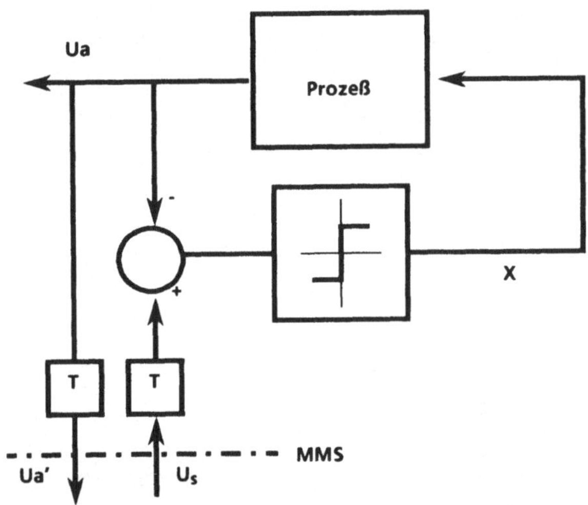

Abb. 15. Fernsteuerung mit lokaler Regelung

Der Sollwert wird um T verzögert zum Regler übertragen. Darauf läuft der Stellmotor bis zum Erreichen des Sollwertes Ua = Us hoch und bleibt stehen.[109] Das Erreichen des Sollwertes zur Zeit t_1 wird um T verzögert an die Warte rückgemeldet. Die nach wie vor bestehende Totzeit verzögert zwar die Einstellung des Stelltransformators um T und die Anzeige um 2T, hat aber keinen Einfluß mehr auf die Stabilität.

Bei vernachlässigbarer Totzeit ist auch stabile Fernsteuerung möglich; es ergibt sich der gleiche Zeitablauf wie in Abb. 16,

---

[109] Da diese Einstellung nicht völlig exakt möglich ist, enthält der Regler nahe dem Nullpunkt des Regelfehlers einen kleinen Fangbereich, innerhalb dessen Regelfehler toleriert werden, ohne Bewegungen von M auszulösen.

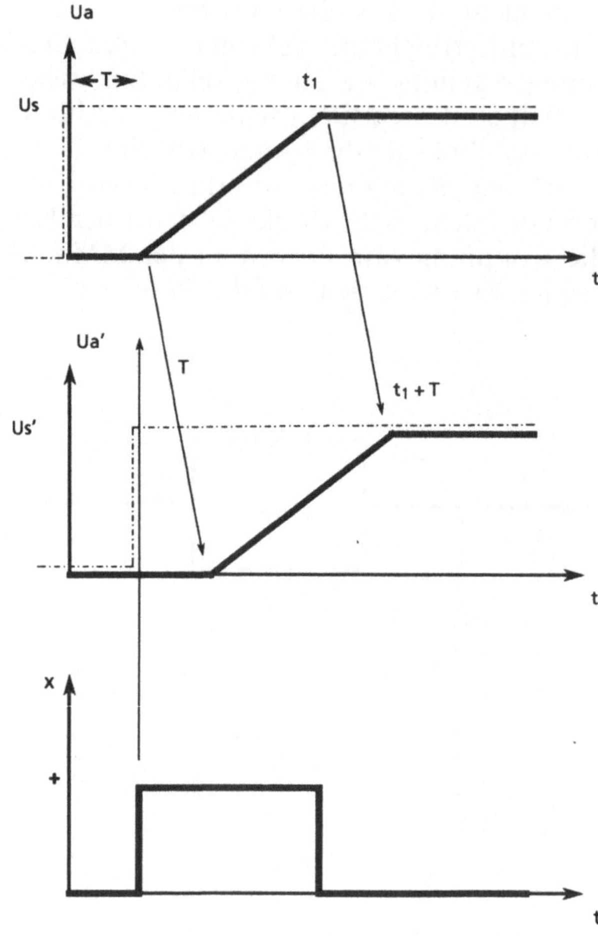

Abb. 16. Zeitverhalten mit lokaler Regelung

allerdings ohne die Verzögerungen bei Sollwertübergabe und Rückmeldung.

2.3 Bedienstrategien

In diesem Kapitel werden zunächst (Kap. 2.3.1) Kriterien für die Auswahl von Bedienstrategien angegeben, dann wird ein Verfahren zur rationalen Entscheidungsfindung bei teilweise einander widersprechenden Kriterien angegeben,[110] und dieses auf die Auswahl der

---

[110] Vgl. [KEP65] und [SIE80], Kap. 2.3.2.1.

Bedienstrategie des Echtzeitsystems Auto angewendet (Kap. 2.3.2.2).
Schließlich werden in Kap. 2.3.3 einige Bedienstrategien im Zusammenhang mit Prozeßrechnern näher besprochen.

Es zeigt sich, daß es keine global optimale Bedienstrategie gibt, sondern daß die Erwartungen und Kenntnisse der Anwender in diese Entscheidung wesentlich eingehen.

Zwei Beispiele aus der Praxis sollen dies verdeutlichen:
Bedienung mit starrer Aufeinanderfolge der Teilkommandos:
Z. B. muß bei der Netzleittechnik[111] für EVU die Reihenfolge:
- Auswahl des Funktionsmodus (Betrieb oder Simulation),
- Auswahl der Station, bzw. Unterstation,
- Auswahl des Gerätes in dieser Station,
- Festlegen der gewünschten Funktion (Abfrage, Schalten, . . .),
- Auslösen,

eingehalten werden. Dies wird z. B. über die Lauflampentechnik erzwungen und ermöglicht eine sichere Benutzerführung. Die job-control-language üblicher Betriebssysteme fällt ebenfalls in diese Kategorie. Dieser hierarchischen Bedienstrategie entspricht rechnerintern eine Baumstruktur.

Bedienung mit freier Reihenfolge der Teilkommandos:
Hier können die Kommandos, die die Funktion bestimmen, in *beliebiger* Reihenfolge vor der Auslösung eingegeben werden.[112] So können z. B. bei Röntgengeräten in der Medizintechnik:
- Härte der Strahlung (kV),
- Strahlungsintensität (mA) und
- Dauer (sec)

vor der Aufnahme in beliebiger Reihenfolge eingestellt werden. Diese Bedienstrategie („3-Punkt-Technik") stammt aus der Zeit, in der diese Parameter an Drehreglern der Hardware eingestellt wurden. Sie wurde auch nach Einführung der Bedienung über Mikroprozessoren beibehalten, um die gewohnte Arbeitsweise der Betreiber nicht unnötig zu stören.[113]

Die beiden Strategien, deren Konsequenzen in Kap. 3.3 behandelt werden, unterscheiden sich bezüglich Bedienung und DV-technischer Realisierung sehr stark; sie sind aber an die jeweiligen Benutzerwünsche gut angepaßt.

---

[111] Vgl. [CHA83], [DIE78], [KAP85], [SCH80].

[112] Ein Teil dieser Parameter kann als Standard-Voreinstellung (default-Werte) vordefiniert sein.

[113] Natürlich sind nun zusätzliche Überwachungs- und Bedienfunktionen (z. B. Voreinstellungen, Einhalten von Belastungsgrenzen . . .) möglich, die früher hardwaremäßig unrealisierbar waren; doch wurde die Grundbedienung übernommen.

2.3.1 Kriterien für Bedienstrategien

Die optimale Bedienstrategie für ein konkretes Projekt wird neben technischen Randbedingungen wesentlich von Benutzerwünschen bestimmt. Diese Auswahlkriterien kann man in einer Liste (vgl. Tabelle 5) zusammenfassen. Da sich diese Kriterien in der Regel teilweise widersprechen, muß, gesteuert durch die Prioritäten der Benutzerwünsche, ein optimaler Kompromiß erarbeitet werden.[114]

KRITERIEN FÜR BEDIENSTRATEGIE
Aktion mit auszulösender Wirkung sinnvoll verbunden
unzweideutig
verträglich mit Denk-/Arbeitsweise des Benutzers
Bedienreihenfolge mit Denk-Ablauf verträglich
Standards beachten, die sich bei Bedienerpopulation durchgesetzt haben
einfach bedienbar
keine Teilaktionen, sondern erst explizite Auslösung kompletter Transaktionen
UNDO-Möglichkeit
Auslösung kritischer Vorgänge besonders gesichert
globale/lokale Eingriffe trennen
default-Bedienung
analog/digital je nach Aufgabe

Tabelle 5

Diese Tabelle ist notwendigerweise unvollständig; für konkrete Aufgabenstellungen kann sie aber als Checkliste und Ausgangspunkt für eine besser angepaßte Kriterienliste dienen.

Ergänzende Bemerkungen (vgl. Kap. 2.1.3):
- Eine über die MMS vermittelte Aktion des Benutzers ist dann sinnvoll mit der ausgelösten Wirkung verbunden, wenn diese seinen Erwartungen entspricht. Ist das nicht der Fall, so können speziell unter Zeitdruck schwerwiegende Fehler gemacht

---

[114] Vgl. das Beispiel in Kap. 2.3.2.2.

werden.[115] Dies gilt auch für das Zeitverhalten an der MMS.[116]

- Verträglichkeit mit der gewohnten Denk- und Arbeitsweise des Benutzers erhöht die Reaktionsgeschwindigkeit und senkt die Fehlerrate des Benutzers. Insbesondere soll die *Terminologie* an der MMS der Fachsprache des Benutzers entsprechen. Abweichungen sollten nur bei entscheidenden Vorteilen eingeführt werden.

- Die Reihenfolge der Eingaben an der MMS soll der *Denkabfolge* entsprechen, um unnötige Notizen zu vermeiden.[117] Solche Fehler können durch eine enge Zusammenarbeit mit dem Benutzer beim Entwurf des Dialoges vermieden werden.

- Routinevorgänge sollten einfach, fast unbewußt wie das Autofahren nach langer Praxis, ablaufen können.

- Bedienungsvorgänge komplexer Systeme sind oft mehrstufig.[118] Um undefinierte Zustände, z. B. nach einer Störung oder einem Bedienungsfehler, zu vermeiden, soll ein Vorgang erst nach vollständiger, überprüfter Eingabe aller Teilkommandos ausgelöst werden; anderenfalls soll ein Rücksetzen auf den Anfangszustand vor der Kommandofolge stattfinden.

- UNDO-Funktionen ermöglichen die gewollte Rücknahme eines bereits abgegebenen Kommandos, wenn dies sachlich möglich ist.[119]

- Die Sicherung besonders kritischer Kommandos kann durch Bedienen durch mehrere voneinander unabhängige Personen (*Zweischlüsselprinzip*); durch zusätzliche mechanische Schlüssel oder durch sehr „unbequeme" Codeworte abgesichert werden.[120]

- Globale bzw. lokale Eingriffe betreffen verschiedene Wirkungskreise[121] und stehen unter verschiedenem Zeitdruck. Man kann sie oft verschiedenen Personen oder Arbeitsplätzen zuordnen.

---

[115] Z. B. sollte ein Auto nach Rechtsdrehung des Lenkrades nach rechts fahren.

[116] Vgl. die Probleme durch das verzögerte Ansprechen einer pneumatischen gegenüber einer mechanischen Orgel (eine sehr anspruchsvolle MMS!) beim Mithören. Durch die Totzeit der Luftbewegung werden Töne angeschlagen, während zugleich früher gespielte gehört werden. Ähnliche Störeffekte treten bei Telephongesprächen über lange Distanz (z. B. Erde-Mond) wegen der Signallaufzeit auf.

[117] Z. B. soll die Eingabe einer Kontrollsumme erst *nach* Eingabe der Summanden verlangt werden.

[118] Vgl. Lauflampentechnik.

[119] Dazu muß der Zustand vor dem Kommando gepuffert werden.

[120] So wäre gegen das unbeabsichtigte Löschen einer wesentlichen Datei die Aufforderung zum „umgekehrten" Eingeben des Kommandowortes „NEHCSEOL" statt „LOESCHEN" sicherer als die übliche mit Y (YES) zu quittierende Rückfrage; vgl. [MOR83].

[121] Eventuell erfolgen sie auf verschiedener Abstraktionsebene, z. B. durch den Betriebsleiter oder einen Monteur.

- Default-Werte, die für nicht angegebene Parameter auf Grund von Voreinstellungen verwendet werden, erleichtern die Bedienung der MMS; führen aber zur Gefahr der „bequemen Entscheidung".[122]
- Die Wahl, welche Funktionen digital bzw. als Text und welche als Analogwert eingegeben werden sollen, orientiert sich an der Art[123] und Genauigkeitsforderung des Kommandos, sowie an den Wünschen des Benutzers.[124] Ein „digitales Lenkrad" wäre für ein Auto sinnlos; eine digitale Kursangabe für den Autopilot eines Flugzeuges ist sinnvoll. Ähnliches gilt für Ausgaben.

2.3.2 Entscheidungsfindung

Um bei einer sich teilweise widersprechenden Liste verschieden wichtiger Kriterien eine Entscheidung, hier über die relativ günstigste Bedienstrategie, rational und nachvollziehbar treffen zu können, kann das Verfahren der *Entscheidungsanalyse* angewendet werden. Nach Darstellung der grundsätzlichen Methode in Kap. 2.3.2.1 wird diese auf ein Beispiel, Bedienung eines Autos, vgl. Kap. 2.3.2.2 angewendet.

Diese Methode wurde von Kepner/Tregoe[125] für Managemententscheidungen vorgeschlagen und von Siemens modifiziert;[126] sie ist für viele Arten von komplexen Entwurfsentscheidungen einsetzbar.

2.3.2.1 Grundsätzliche Methode

Das Verfahren läuft in folgenden Schritten ab:
- *Zielsetzung* festlegen,
- Ziele *bewerten*,
- *Alternativen* definieren,
- Alternativen *bewerten* und
- *Treffen der Entscheidung* mit Risikobewertung.

Zur Festlegung der *Zielsetzung* wird eine Liste von Kriterien aufgestellt, deren mehr oder weniger vollständige Erfüllung für die anstehende Entscheidung relevant ist.

---

[122] Da man sonst nachdenken muß, welcher Wert eigentlich verwendet werden soll.
[123] Alternativen, Nummern oder Namen von Schaltern, Fahrtrichtung, Bremsen, ...
[124] Vgl. Analog- oder Digitaluhr.
[125] Vgl. [KEP65].
[126] Vgl. [SIE80].

Die *Bewertung* der Kriterien erfolgt in zwei Stufen:
- Festlegung, welche Kriterien unbedingt erfüllt werden müssen[127] und
- Bewertung der restlichen Kriterien durch Gewichte, z. B. von 10 bis 1.

Damit kann das *Erwartungsprofil* des Anwenders genau erfaßt werden.

Die *möglichen Alternativen* werden definiert und an Hand der gewichteten Kriterien bewertet. Dazu wird zunächst bei jedem „Muß-Kriterium" für alle Alternativen geprüft, ob dieses erfüllt wird. Ist das nicht der Fall, so scheidet die zugehörige Alternative ohne weitere Bearbeitung aus.

Anschließend wird für jedes der gewichteten Kriterien festgestellt, welche Alternative es am besten erfüllt. Diese Alternative wird hinsichtlich Erfüllungsgrad mit 10 bewertet; die übrigen Alternativen entsprechend geringer. Durch Multiplikation des Kriteriengewichts mit dem Erfüllungsgrad ergibt sich für jede Alternative eine Bewertung, die sowohl die Wichtigkeit des Kriteriums als auch die Qualität der Alternative hinsichtlich gerade dieses Kriteriums berücksichtigt.

Dies wird für alle Kriterien der Liste durchgeführt. Die Bewertungen werden für alle Alternativen summiert; man erhält so eine globale Bewertung der Alternativen. Die Alternative mit der höchsten Punktezahl erfüllt, als Kompromiß, im Mittel die gestellten Anforderungen optimal. Sie sollte gewählt werden, wenn dem nicht untragbare *Risiken* gerade für diese Alternative[128] entgegenstehen.[129]

Auf Grund der Bewertung und der Risiken wird dann die endgültige Entscheidung getroffen.

2.3.2.2 Beispiel

Als Beispiel soll die *Auswahl der Bedienstrategie der MMS für ein Auto* dienen.

Das oben beschriebene Verfahren kann übersichtlich mit einem Formular, vgl. Tabelle 6, durchgeführt werden.

Die Auswahl der Kriterien und ihre Bewertung spiegelt die Erwartungen des zukünftigen Betreibers wieder; ist also *nicht allgemeingültig*, sondern auf die konkrete Auswahlsituation bezogen.

---

[127] Z. B. zahlenmäßige Grenzen oder Bedingungen.

[128] Bewertet nach Tragweite und Wahrscheinlichkeit.

[129] Ein solches Risiko könnte für den Fall der MMS z. B. eine schwerwiegende Folge seltener Hardwarefehler sein, die für kritische Prozesse den Einsatz einer sonst überlegenen Technologie derzeit noch verhindern.

ZWECK der Entscheidung Bedienstrategie-Auto		"mechan. uralt"			aut.-unterst.			"Traumauto"		
MUSS-ZIELE		Alternative 1			Alternative 2			Alternative 3		
Unzweideutig		ja			ja			ja		
WUNSCH-ZIELE	Gew.	Information zu Wunschzielen	W	P	Information zu Wunschzielen	W	P	Information zu Wunschzielen	W	P
Verträglich mit gewohnter Arbeitsweise	8	ja	10	80	ja	10	80	fremd	2	16
'gutmütiges' Verhalten	8	unbequem	7	56	Servo	10	80	?	5	40
Sicherung kritischer Aktionen	10	nur tw.	6	60	aut. Sperren	10	100	default aut. Sperren	10	100
einfach 'unbewußt'bedienbar	9	ja unbequem	8	72	ja	10	90	Umlernen	2	18
Aktion/Wirkung sinnvoll verbunden	10	ja	10	100	ja	10	100	fremd	8	80
entspricht verbreitetem Standard	7	veraltet	8	56	ja	10	70	fremd	2	14
leicht erlernbar (von Laien)	5	ja	10	50	ja	10	50	? Schulung	5	25
Übersichtlich auch unter Zeitdruck (ABS)	9	ja	7	63	Servo	10	90	fremd/ja	6	54
geringe Verwechslungsgefahr v. Aktionen	10	tw. Rückwärtsgangsperre	7	70	erfüllt	10	100	aut. erfüllt	10	100
wesentliche Anzeigen vorhanden, übersichtlich	7	tw.	7	49	ja	10	70	Graphik	10	70
günstiges Leistungs/Kosten Verhältnis	7	einfach	10	70	teuer	6	42	teuer	4	28
'Komfort'-Auswertung und Anzeigen möglich	8	nein	1	8	ja	7	56	jeder Komfort	10	80
	98	75 %		734	95 %		928	64 %		625
Risikoermittlung		erprobt, keine zus. Risiken		0	Automatik Service kompl.		3 16	notw. Automatik Service kompl.		20 32
								Umlernen ?		20
Nachteile, Auswirkungen je Alternative				0			19			72

Tabelle 6. Auswahl der Bedienstrategie eines Autos

Als Muß-Kriterium wurde, als für die Sicherheit entscheidend, nur die Unzweideutigkeit von Bedienungen angenommen. Die übrigen Kriterien wurden so bewertet, daß sicherheitsbezogene gegenüber komfortbezogenen Kriterien bevorzugt wurden.

Als Alternativen wurden:
– eine rein mechanisch realisierte,
– eine automatikunterstützte und
– eine „utopische"
MMS angenommen.

Die Bewertung hinsichtlich der Erfüllung jedes Kriteriums ist, da im Regelfall auf Fakten beruhend, nicht so stark von Betreibererwartungen geprägt wie die Gewichtung der Kriterien.

Aus der globalen Bewertung ergibt sich deutlich, daß[130] die mit Automatikunterstützung realisierte MMS zu wählen ist. Dies ergibt

---

[130] Beim heutigen Stand der Technologie; und nur eine solche Momentaufnahme stellt die Bewertung dar.

sich vor allem daraus, daß die gewohnte Bedienung beibehalten, die Nachteile der veralteten rein mechanischen MMS aber vermieden werden. Die utopische Variante verursacht durch „Fremdheit" Umstellungsschwierigkeiten und ist technologisch und kostenmäßig noch nicht ausgereift.

Die Stärken und Schwächen der einzelnen Alternativen können gut aus der Verteilung der hohen (10 – 8) und niedrigen (4 – 1) Erfüllungspunkte abgelesen werden.

Bei der Betrachtung der für die einzelnen Alternativen spezifischen Risiken zeigt sich in dieser Hinsicht eine deutliche Überlegenheit der alten, ausgereiften Technik und für die utopische MMS ein sehr hohes, aus Entwicklungsstand und mangelnder Verbreitung stammendes Risiko.

Nach Vergleich von Zielerfüllung und Risikoverteilung scheint es aber doch angebracht, endgültig die durch Automatik unterstützte Variante der MMS zu wählen.

Was hier an einem erfundenen einfachen Beispiel demonstriert wurde, sollte vor allen komplexen Entwurfsentscheidungen[131] *unter Mitwirkung der Betreiber* durchgeführt werden. Fehlentscheidungen an dieser Stelle sind später nur mit unverhältnismäßig hohem Aufwand korrigierbar.

2.3.3 Beschreibung einiger Bedienstrategien

Es sollen die Vor- und Nachteile einiger Bedienstrategien angegeben werden:[132]

- *Direkte Auslösung jeder einzelnen Funktion*; d. h. jeder Funktion ist entweder ein eigenes Bedienelement[133] oder ein eigenes Kommando zugeordnet. Auswahl und Auslösung eines Kommandos erfolgen zugleich.
Vorteile: schnell durch geringe logische Tiefe.
Nachteile: viele Bedienelemente erforderlich, unübersichtlich bei vielen Funktionen,[134] hoher technischer Aufwand und Sicherheitsprobleme.[135]
- *Top-down-codierte Auslösung*: das entspricht einer hierarchisch gegliederten Kommandostruktur; d. h. eine Funktion wird schrittweise immer genauer spezifiziert und dann ausgelöst.

---

[131] Und die Wahl der MMS ist eine der für Sicherheit und Akzeptanz wichtigsten Entscheidungen.

[132] Vgl. [BRO82], [KIG84] und [CHA83]

[133] Funktionstaste, Schalter, . . .

[134] Vgl. die Größe klassischer Warten.

[135] Es ist keine Sicherung gegen sachlich unzulässige Befehlskombinationen möglich.

Diese geführte Bedienung entspricht einer Baumstruktur; vgl. Abb. 17.

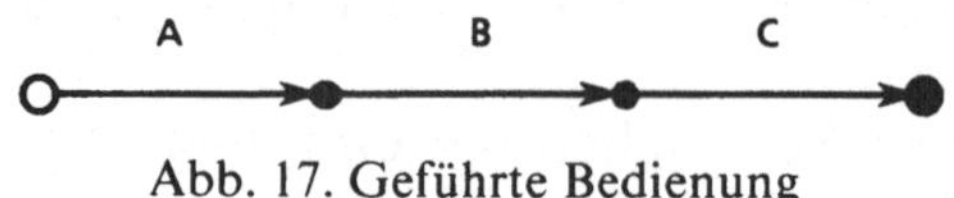

Abb. 17. Geführte Bedienung

Vorteile: Viele Kommandos sind leicht beherrschbar; übersichtlich, wenige Bedienelemente und Grundkommandos erforderlich, stufenweise Prüfung möglich.

Nachteile: langsam durch hohe logische Tiefe. Beim Übergang auch zwischen ähnlichen Funktionen muß auf den nächsten gemeinsamen Knoten zurückgegangen und von dort aus das neue Kommando vervollständigt werden; dies macht die Bedienung oft mühsam.

– *Durch Übergangsgraph gesteuerte Auslösung*: Es ist keine streng hierarchische Struktur erforderlich; zulässige Kommandos werden im Kontext des bisher erreichten Zustandes durch einen Übergangsgraph definiert.[136]

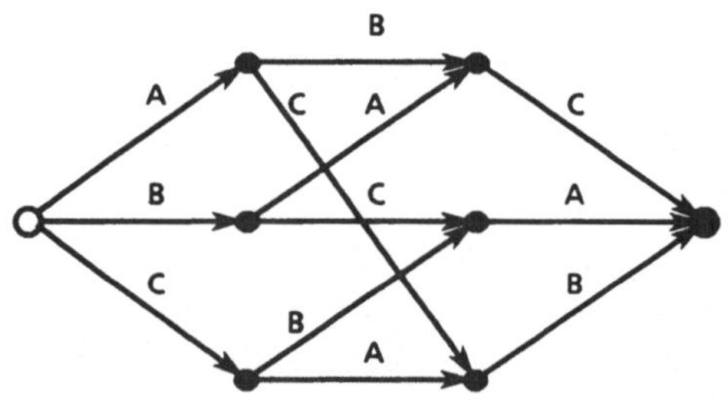

Abb. 18. Nicht geführte Bedienung

Vorteile: schneller als bei hierarchischer Struktur und doch sicher, schneller Übergang zu anderen Funktionen möglich.

Nachteile: hoher Aufwand beim Ändern der Steuerungslogik, in ungünstigen Fällen unübersichtlich.[137]

Die *Reaktion der Maschine auf die Bedienung* kann ein- oder mehrstufig erfolgen:

---

[136] Vgl. z. B. Abb. 18 für nicht geführte Bedienung mit 3 Parametern in freier Reihenfolge. Im allgemeinen ist dies ein endlicher Automat, oder, bei beliebig vielen Parametern, auch ein Stack-Automat.

[137] Dann ist HELP-Funktion zur Orientierung nötig.

Eine *einstufige Reaktion* quittiert zugleich die Korrektheit der Eingaben und die Durchführung der gewünschten Aktion. Die einstufige Reaktion ist insbesondere für einfache Fälle ohne größeren Zeitabstand zwischen Befehl und Durchführung geeignet.

Eine *mehrstufige Reaktion* kann in zwei Fällen auftreten:

– Wenn zwischen Kommando und Durchführung ein größerer Zeitabstand auftritt, ist es sinnvoll, zunächst die Korrektheit des Kommandos zu bestätigen und später die erfolgte Durchführung[138] zu melden.

– Bei komplizierten Bedienungsabläufen kann durch Menu oder Lauflampentableaus schrittweise der erreichte Zwischenzustand der Bedienung angezeigt, und so der Benutzer bis zur Auslösung der komplexen Aktion geleitet werden. Dies erlaubt auch ein Abbrechen einer fehlerhaften Eingabe vor deren Auslösung.

Dem entspricht in der klassischen Wartentechnik das Prinzip des Steuerquittungsschalters. Die ausgewählte Aktion wird erst durch den Steuerquittungsschalter aktiviert.

Die Anzeige des erreichten Zustandes erhöht für den Betreiber die Übersichtlichkeit und gibt damit größere Sicherheit bei der Bedienung; doch kann in zeitkritischen Situationen der erhöhte Zeitaufwand nicht tragbar sein.

Bei der mehrstufigen Bedienung handelt es sich um Transaktionen, also um Folgen zusammengehöriger Bedienschritte, die entweder vollständig oder, z. B. im Fehlerfall, gar nicht akzeptiert werden. Dadurch besteht an der MMS immer ein definierter Zustand, der das Wiederaufsetzen im Fehlerfall stark erleichtert.

Grundsätzlich sollten alle Eingriffe über die MMS, samt eventuellen Kommentaren, in einem Betriebsprotokoll, das gegen Überschreiben oder Löschen geschützt ist, mitgeschrieben werden.

2.4 Psychologische Aspekte, Akzeptanz, Schulung

Wir wollen hier einige, teilweise schon in früheren Kapiteln erwähnte, Aspekte zusammenfassen, die die Akzeptanz der MMS wesentlich beeinflussen:

Herausfinden, was der Benutzer wirklich will:

Hier besteht eine enge Beziehung zu Expertensystemen als Unterstützungswerkzeuge für Spezifikation und prototyping.[139] Es gibt zwei Benutzertypen:

---

[138] Oder Abweisung im Fehlerfall.
[139] Vgl. Kap. 3.6.

– Der Benutzer kann, eventuell mit Hilfe eines Systemingenieurs, in Form von Regeln und Daten exakt spezifizieren, was er genau will. Dann kann daraus, unter Berücksichtigung von Nebenbedingungen aus Verarbeitungssystem und Prozeß, automatisch das Dialogprogramm der MMS generiert werden. Dies ist eher der Ausnahmsfall.

– Der Benutzer kann sein Echtzeitsystem, oder ein Vorgängersystem, zwar bedienen, kann dies aber nicht explizit formulieren.[140] Menschliche Experten oder ein Expertensystem realisieren auf Grund seiner groben Angaben eine *Spielversion*, die interaktiv durch *Lernen an Beispielen* solange verbessert wird, bis sie *hinreichend gut* ist. Spätere Verbesserungen aufgrund praktischer Erfahrungen mit dem realen System sind auf dieser Wissensbasis jederzeit möglich.
Z. B. können[141] aus typischen Fehlern und Fehlerhäufigkeiten benutzerspezifische Schwachstellen abgeleitet werden und dann z. B. entsprechende Zusatzinformationen (HELP-Funktion) angeboten oder Dialogschritte verändert werden.
Adaptive MMS haben den Vorteil,[142] eine natürliche Arbeitsumgebung für individuelle Benutzer zu bieten. Als Nachteil ist eine mögliche Fehlanpassung[143] möglich. Dies kann durch schnelles Lernen der MMS[144] oder durch benutzerspezifische Umschaltung der Parameter geschehen, die aus der Benutzeridentifikation beim ersten logon angestoßen werden kann.
Demgegenüber muß sich derzeit der Benutzer anpassen. Diese Anpassung kann durch Training an einem Standardsystem (reales System und/oder Simulator) erfolgen.
Systemingenieur und Ergonomie-Fachmann können als „Übersetzer" zwischen Benutzerwünschen und Systemmöglichkeiten bzw. Systemgrenzen dienen. Es ist für diese Personen entscheidend wichtig, die Fachsprache der Benutzer genau zu kennen.

MMS-Labor/Simulator: Um künftigen Benutzern die Eigenschaften der MMS nicht nur beschreiben, sondern auch demonstriren zu können, ist ein MMS-Labor auf Simulatorbasis günstig.[145] Dies erfordert eine transportable Einheit von Sichtgerät und loka-

---

[140] Z. B. Radfahren.
[141] Im Sinne einer adaptiven MMS, vgl. Kap. 3.5.
[142] Vgl. die Anforderungen an die MMS; vgl. Kap. 2.1.3.
[143] Z. B. beim Schichtwechsel oder sonstigem plötzlichen Benutzerwechsel.
[144] Mit der Gefahr der Instabilität.
[145] Vgl. Kap. 3.6.1.

lem Rechner mit Festplatte, auf der ein Musterangebot an Bedienungsmöglichkeiten samt einem Generator für neue Dialoge vorliegt. Damit kann dem Benutzer vor Ort ein typischer Ablauf der Kommunikation über die MMS gezeigt werden. Daneben ermöglicht es der Generator, konkrete Benutzerdialoge als Masken, Graphik, usw. zu formulieren, zu editieren und als Prototyp ohne ein Hintergrundsystem[146] ablaufen zu lassen.

Dadurch kann schon in einer sehr frühen Projektphase unter aktiver Mitwirkung des Kunden die MMS des späteren Echtzeitsystems entwickelt und iterativ verbessert werden. Diese Technik des *rapid-prototyping* liefert als Nebeneffekt Spezifikationen, die als Grundlage der endgültigen Systemrealisierung dienen können und die vom Kunden auf Grund seiner aktiven Mitarbeit besser akzeptiert werden als dies bei einer nur schriftlich vorliegenden Spezifikation möglich ist.

Eine solche „Demonstrations-MMS" bietet zusätzlich den Vorteil, daß man damit gefahrlos „spielen" kann, ohne Nebenwirkungen auf den Prozeß befürchten zu müssen.

Es ist dabei sinnvoll, alle Bedienabläufe, Rückmeldungen des Simulators, Generierungen usw. zu speichern, um einerseits während einer Versuchssitzung von Notizen entlastet zu sein, und um andererseits nach dieser Sitzung eine Bewertung und Schwachstellenanalyse[147] durchführen zu können. Dies kann die Grundlage für die weitere Beratung durch den MMS-Ingenieur bilden.[148]

Über- und Unterforderung des Prozeßführers:[149] Eine Überforderung des Prozeßführers, z. B. durch zu viele gleichzeitige Alarme und Meldungen (auch solche geringer Priorität), Aufforderungen zu Reaktionen ohne klare Übersicht über ihre Auswirkungen, sowie Überforderungen hinsichtlich der Reaktionszeit des Menschen verursacht:

- Übersehen *wichtiger* Meldungen und damit Fehleinschätzung der Gesamtsituation,
- Flüchtigkeitsfehler, usw.

Maßnahmen gegen Überforderung:
- Übersichtlichkeit erhöhen,
- klare Prioritäten definieren.[150]

---

[146] Das durch einfache Simulation ersetzt wird.
[147] Z. B. typische Fehleingaben, Qualität von Meldungstexten, . . .
[148] Ein derartiges Demonstrationssystem wird in [KAP85] beschrieben.
[149] Vgl. [HIL85].
[150] Nur jeweils die wichtigsten Alarme und Meldungen ausgeben; die übrigen im Hintergrund für gezielte Abfragen bereithalten.

– Training senkt die Belastung dadurch, daß oft vorkommende Routinetätigkeiten (vgl. Autofahren) im Normalfall unbewußt ablaufen und nur das Auftreten von Sonderfällen gezielte Aufmerksamkeit erfordert. Dadurch werden geistige Kapazitäten für die Beurteilung der Gesamtsituation frei.

Dörner [DOR83] beobachtete bei einer simulierten Fallstudie, die sich mit der Beherrschung eines komplexen dynamischen Systems unter Zeitdruck und Informationsmangel beschäftigte, eine „Einengung des Denkens".

Wenn in dieser Situation die Versuchsperson (VP) die Übersicht über das System verlor, führte dies

– zur falschen Einschätzung der Prioritäten; d. h. Beschäftigung mit unwichtigen Randproblemen, während wesentliche Systemteile sich unkontrolliert veränderten;
– zu immer massiveren Eingriffen, die sich jeweils nur gegen *ein* Symptom richteten, wobei alle Nebenwirkungen und Rückkopplungen vernachlässigt wurden. Damit konnte im Regelfall die Kontrolle nicht wiedergewonnen werden; das System wurde unstabil und geriet ins Schwingen.
– Es kam zu völlig irrationalen Panikreaktionen.

In dieser Studie wurden „gute" und „schlechte" VP verglichen:

– „Gute" Versuchspersonen trachteten zunächst danach, eine Übersicht über die Systemstruktur und die entscheidenden Variablen zu gewinnen. Auf dieser Grundlage setzten sie dann gezielt Maßnahmen, und verbesserten aus deren Ergebnis laufend ihr Systemverständnis.[151]
– „Schlechte" VP griffen von Anfang an ohne Systemuntersuchungen – im Sinn einer „Symptomkur" – in das System ein, und bewerteten kaum die Gesamtreaktionen. Ihr Führungsverhalten wurde unter Streß, wie oben erwähnt, immer ungezielter und uneffektiver.[152]

Die erwähnte Studie wurde an einem simulierten System durchgeführt. Simulatoren erlauben ohne Gefährdung von System und VP ein Training des Verstehens und der Beherrschung komplexer Systeme im *kreativen Spiel*. Die Effektivität dieses *aktiven Lernens* ist höher als die eines starr geführten Trainings. Auch die geistige Flexi-

---

[151] D. h. sie paßten ihr „inneres Systemmodell" an das reale System in einem Lernprozeß immer besser an.

[152] Diese VP bauten – wie durch Befragungen kontrolliert wurde – kaum ein oder kein inneres Systemmodell auf; es lief kein Lernprozeß ab.

bilität gegenüber unvorhergesehenen Sonderzuständen wird verbessert.[153]

Maßnahmen gegen Unterforderung sind z. B. Probealarme,[154] deren Auswirkungen aber vom Prozeß sauber getrennt bleiben. Diese Trennung muß sehr verantwortungsbewußt sichergestellt werden, damit nicht aus einem Probealarm und den dadurch ausgelösten Reaktionen, eventuell sogar unbemerkt, der „Ernstfall" wird.[155]

Diese Gefahr vermeidet eine hardwaremäßig getrennte „Spielanlage", doch ist dort die Motivation, Sorgfalt und Risikobereitschaft eine ganz andere, da man ja weiß, daß es „nur eine Übung" ist.[156]

Ein Probealarm muß nach Abschluß der Bearbeitung auch für den Prozeßführer als solcher gekennzeichnet werden. Eine eventuelle Auswertung: „Was wäre passiert, wenn ..." kann sinnvoll sein.

Die Häufigkeit von Probealarmen ist so zu wählen, daß keine Abstumpfung auftritt und dann echte Alarme nicht ernst genommen werden.

Schulung für Notbetrieb:[157] Wenn durch technische Störungen[158] der (teil-) automatische Betrieb nicht voll aufrechterhalten werden kann, müssen Anlagenteile, oder einzelne Regelkreise, manuell gesteuert werden.[159] Ein derartiger Betriebszustand stellt besondere Anforderungen an das Wartenpersonal; es muß ja das System *in zwei Betriebsarten zugleich* geführt werden:
- automatisiert der ungestörte Teil und
- manuell, eventuell lokal, der gestörte Teil.

Hier helfen vorhandene Erfahrung (z. B. mit dem „alten" nicht-automatisierten System, das manuell geführt wurde) und eine eventuell noch als backup vorhandene alte Warte wesentlich.

Solche Situationen können mit Simulatortraining nur teilweise geübt werden. Man kann zwar trainieren, was in *angenommenen*

---

[153] Der Mensch hat in seiner genetischen und kulturellen Evolution gelernt, sich mit *Kausalketten* zu beschäftigen (WENN-DANN-Folgen); nicht aber mit vermaschten und Rückkopplungen enthaltenden Systemen (Vgl. hiezu [RIE80] und [FOR72]). Dies führt zu den oben erwähnten Problemen. Simulation kann helfen, komplexe Systeme – teilweise unbewußt – zu *erfahren*, ganzheitlich zu *erkennen*, und damit das Verhalten unter Belastung und in Notfallssituationen zu verbessern.

[154] Denen man die Übungsfunktion nicht ansieht.

[155] Solche Störungen der Isolation traten in militärischen Überwachungssystemen schon mehrfach auf.

[156] Für die Ausbildung der Prozeßführer (z. B. Flugzeugpiloten) sind derartige Simulatoren aber unverzichtbar, da mit ihnen die Beherrschung auch extremer Notfälle trainiert werden kann, ohne Menschen und Material zu gefährden.

[157] Vgl. Kap. 2.2.2.4 und [GIG82].

[158] Z. B. Übertragungsfehler.

[159] Technische Grundlage dafür ist ein *fail-soft-Verhalten*; vgl. Kap. 3.4.4. D. h. bei einem Fehler wird nicht das Gesamtsystem blockiert, sondern nur die gestörten Teile, oder es sinkt die Systemleistung (z. B. Auftreten längerer Reaktionszeiten usw.).

Fehlerfällen geschehen soll; doch lassen sich prinzipiell nicht alle Fehlerkombinationen voraussehen, so daß fallweise improvisiert werden muß. Ein Simulatortraining ist auch immer eine Art „Trockenschwimmkurs", da nicht in den echten Prozeß eingegriffen wird. Dadurch leidet die Realitätsnähe.[160] Wesentlich ist die systematische Prüfung von Fehlerquellen.[161]

Trennen und Kennzeichnen von normaler und Alarm-Information: Gefahrensignale sollen durch eine reservierte Farbe (z. B. rot), bzw. durch ein reserviertes akustisches Signal (z. B. Hupe, Sirene) gekennzeichnet werden, die *keine andere Meldung* verwendet. Eine durch Quittierung abschaltbare, akustische Signalisierung soll zunächst allgemein die *Aufmerksamkeit* erregen; die sichtbare Alarmanzeige, die erst nach Bearbeitung abschaltbar ist, gibt die eigentliche Alarminformation an.

Akustische Signale haben wenig Richtwirkung und können daher nicht unabsichtlich überhört werden; sie sind aber unspezifisch.

Die *sichtbaren* Anzeigen müssen zur Wahrnehmung im Blickfeld liegen und können daher viel leichter übersehen werden;[162] sie liefern aber die eigentliche Information.[163]

Farben sollen sparsam verwendet werden; in „bunten Bildern" verliert man leicht die Übersicht.

Blinken, zur näheren Spezifizierung mit einer Farbe kombinierbar, erzwingt die Aufmerksamkeit. Eine mögliche Zuordnung wäre:
- *rot-blinkend*: wichtige, nicht quittierte Alarme,
- *rot-ruhig*: quittierte Alarme,
- *weiß-blinkend*: Kennzeichen für mögliche Eingriffe, oder für angestoßene, noch nicht abgeschlossene Aktionen,
- *weiß-ruhig*: Kennzeichen für ordnungsgemäß abgeschlossenen Eingriff.[164]

Liebe auf den ersten Blick: Die Gestaltung der MMS ist für den Betreiber viel auffälliger als die innere Struktur und Funktionsweise des Echtzeitsystems, mit dem er arbeitet. Daher ist es wichtig, die be-

---

[160] Bei komplexen kritischen MMS, wie z. B. im Flugzeug, wird sehr hoher Aufwand für möglichst realistische Simulation getrieben.

[161] Vgl. die Analyse potentieller Probleme (APP) in Kap. 3.4.1. Dazu gehören z. B. auch Fragen, wie und mit welchen Mitteln man den oft schwer zugänglichen Fehlerort erreicht, und was lokal zur Überbrückung und Fehlerbehebung getan werden kann.

[162] Vgl. den „blinden Fleck" mitten im Sichtfeld.

[163] Um dieses Übersehen zu verhindern, kann man über eine in einem Helm angeordnete Anzeigevorrichtung wichtige Informationen in das Gesichtsfeld einspiegeln, so daß sie auch bei Drehungen des Kopfes immer zentral im Gesichtsfeld bleiben.

[164] Vgl. hiezu industrielle Warnfarben und Verkehrssignale.

troffenen Personenkreise und ihre Bedürfnisse zu beachten.[165] Eine emotionale Akzeptanz oder Ablehnung ist durch Sachargumente kaum mehr beeinflußbar.[166]

Lernen ist einfach, Umlernen schwer, verursacht Unlust und hindert damit die Akzeptanz. Daher sollten Änderungen der gewohnten MMS nur bei wesentlichen Vorteilen durchgeführt werden. Ist das der Fall, muß ein gut geplantes Training *vor der Umstellung* und eine kompetente Hilfestellung nach der Umstellung sichergestellt werden. Außerdem müssen die Benutzer lange vor der Umstellung von den Verbesserungen überzeugt werden, was am besten durch aktive Mitarbeit geschieht.[167]

Bekanntheit bzw. Fremdheit der Endgeräte: Eine schon bisher auf dem gleichen oder einem anderen Fachgebiet verwendete Geräteausstattung wird leichter akzeptiert als eine fremde, neue.[168]

Einführungsstrategie für Benutzer: Ein möglichst frühzeitiges Einbinden des Benutzers in die Entwicklung der MMS bringt große Vorteile:
- Identifikation mit dem Projekt,
- frühzeitiges Erkennen und Abfangen von Fehlentwicklungen, z. B. wenn Entwickler und Benutzer von verschiedenen *impliziten* Annahmen ausgehen.[169]
- Abbau von „Fremdheit":[170] Die Vertrautheit mit dem System kann wesentliche Vorteile für das Klima beim gemeinsamen Abnahmetest bieten.
- Höhere Sicherheit des Benutzers hinsichtlich der Systembedienung und dadurch Verringerung der Fehlerrate.

Durch spezielle *aufgabenorientierte* und damit über die Bedienung der MMS hinausgehende Schulung, sowie durch gespeicherte

---

[165] Achtung: Auch die „Chefs" der Betreiber sind bei Vorführungen anwesend und haben wesentlichen Einfluß auf die Akzeptanz des Systems, auch wenn sie damit nicht routinemäßig arbeiten müssen.

[166] Vgl. die „verspielte", „spartanische" oder „funktionelle" Gestaltungen der MMS in Autos, die jeweils auf bestimmte Benutzerkreise zielen.

[167] Vgl. die obigen Bemerkungen zum rapid-prototyping.

[168] Vgl. BTX: Es war, abgesehen von den Kosten, klug, für ein breites Publikum Endgeräte zu verwenden, die bekannt sind und alltäglich benutzt werden (Fernsehbildschirm, Telephon, Tastatur wie bei einer Schreibmaschine ohne verwirrende Sonderfunktionen). Ein PC (personal-computer) könnte *für diesen* Benutzerkreis durch Fremdheit die Akzeptanz verzögern. Bei professionellen, DV-erfahrenen Benutzern gelten hier ganz andere Kriterien. Leider liegen hierzu noch keine experimentellen Feldstudien vor.

[169] So könnte z. B. der Entwickler von einer festen Reihenfolge bei der Parametereingabe, der Benutzer von einer beliebigen Reihenfolge ausgehen. Beide Annahmen stehen nicht in der Spezifikation, weil sie für beide Partner „selbstverständlich" sind; führen aber zu stark verschiedener DV-technischer Realisierung.

[170] Vgl. die Bemerkungen zu Simulation und rapid-prototyping.

Systeminformation[171] kann das Verständnis für die Auswirkungen von Eingriffen erhöht werden. Damit wird eine „Kochrezept-Bedienung" vermieden, die dann gerade in kritischen Sonderfällen versagt.

Bei der Schulung ist es wichtig, das Wissens- und Erwartungsprofil der Benutzer richtig zu treffen; d. h. nicht zu trivial und nicht als „Schulmeister" aufzutreten. Der Lehrer sollte eher die Rolle des unaufdringlich führenden Partners einnehmen, der beim selbständigen Aufbau von Wissen hilft. Der „Lehrer" muß daran denken, daß seine „Schüler" die *eigentlichen Fachleute* der Prozeßführung sind und sich entsprechend verhalten. Dabei ist auf die schon früher erwähnten Benutzerkreise[172] mit ihren sehr verschiedenen Bedürfnissen zu achten.

Da Echtzeitsysteme gegenüber zeitungebundenen Systemen wesentlich schwieriger zu führen sind, muß durch entsprechendes Training eine gewisse Perfektion des Betreibers schon vor dem erstmaligen Einsatz gesichert sein.[173] Auf dieser Mindestqualifikation aufbauend, kann mit Unterstützung durch erfahrenes Personal am System selbst weitergelernt werden.

Jedes Training sollte am System selbst oder an einem Simulator und nicht als „Trockenschwimmkurs" erfolgen. Durch *Selbst-Tun* merkt man sich viel mehr als durch Zuhören in Vorträgen. Das Training sollte das anfängliche Neugierverhalten durch Möglichkeit zum „Spiel ohne Folgen"[174] nutzen.

Expertensysteme haben die Aufgabe, wie ein erfahrener Fachmann dieses Teilbereiches, den Prozeßführer zu unterstützen. Dazu sollen sie

- auf den aktuellen Prozeßzustand,
- auf die Vorgeschichte, die dahin führte,
- auf den Wissensstand des Prozeßführers (sein „Fahrverhalten", seine Fehlerstruktur, . . .) und auf
- sonstige Hintergrundinformationen

zurückgreifen. Ein solches Expertensystem kann eine flexibel anpassungsfähige MMS realisieren; doch entsprechen derartig anspruchsvolle Unterstützungssysteme heute noch nicht dem Stand der Technik. Sie sind aber in Japan Ziel des Projekts der 5. Rechnergeneration; vgl. [PUP86].

---

[171] On-line-Manual und HELP-Funktion.

[172] Vgl. Kap. 2.1.2.

[173] Man hat hier nicht, wie oft in der normalen EDV, die Möglichkeit, zu probieren und eventuell einen Ablauf zu wiederholen; bzw. hat man oft nicht die Zeit, in einem Manual nachzuschlagen. Vgl. hier Fahrschulen oder Pilotenausbildung vor dem ersten verantwortlichen Einsatz.

[174] Am Simulator oder an abgetrennten Teilen des echten Systems.

Das System soll sich nach Eingriffen so verhalten, wie es der Prozeßführer erwartet.[175] Nur dann kann er seine spezifisch menschlichen Fähigkeiten, z. B. der Gestalterkennung, sinnvoll nutzen. Das System darf keine Überraschungen („paradoxes Verhalten") bieten, wenn sich diese nicht zwangsläufig aus der Prozeßdynamik ergeben. Das ist z. B. bei *negativ verlaufenden Kennlinien*, die zu Kippvorgängen führen, der Fall. Dann können sehr kleine Änderungen von Eingangswerten zu großen Sprüngen der Ausgangswerte führen; vgl. Abb. 19 und [ZEE78].

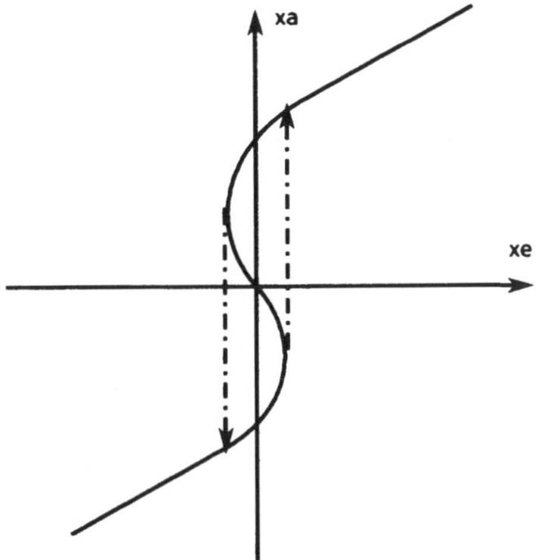

Abb. 19. Unstetige Ein-/Ausgabe-Beziehung

Solche Systeme sind besonders schwierig zu führen, da der Mensch implizit mit einer stetigen Umwelt rechnet.

Das *Ebenenkonzept*, das in den letzten Jahren aus der MMS der Textverarbeitung abgeleitet wurde, ermöglicht ein schrittweises, vom Einfachen zum Komplizierten fortschreitendes Lernen der Systembedienung. Durch die Ebenen:
- Basisfunktion,
- verstärkte Funktion und
- allgemeine Funktion

ermöglicht es den Einstieg mit einfachen Funktionen; nach deren Beherrschung den Übergang zu Funktionen mit größerer Reichweite und schließlich die Verwendung der allgemeinsten und mächtigsten Kommandos. Bei mangelnder Übung ist jederzeit der Rückgriff auf niederere Ebenen möglich.

---

[175] D. h., wie es seinem inneren Modell vom Prozeß entspricht.

Als Beispiel sei eine *Löschfunktion* mit den Stufen:
– zeichenweises Löschen als Basisfunktion,
– zeilenweises Löschen als verstärkte Funktion und
– kontextabhängiges (z. B. auf Funktionsblöcke bezogenes)
  Löschen als allgemeine Funktion
genannt.

Dabei erlaubt die einfachere Funktion jeweils alle Eingabemöglichkeiten (gleiche *funktionelle Mächtigkeit*), jedoch mit elementareren Schritten. Die jeweils höhere Funktion bietet die gleichen Möglichkeiten auf höherer Abstraktionsebene („mächtiger" zusammengefaßte Kommandos) und erlaubt daher dem geübten Benutzer schnelleres Arbeiten ohne unnötiges Eingehen auf Details.

Eine *adaptive MMS* kann dem Benutzer, je nach seinen Fähigkeiten, die jeweils passende Abstraktionsebene anbieten. Diese Anpassung kann so weit gehen, daß je nach Kommando[176] eine verschiedene Abstraktionsebene angeboten wird. Ebenso kann auf das Vergessen nach fehlender Übung Rücksicht genommen werden. Die MMS baut dabei ein inneres Modell des Benutzerverhaltens auf und steuert danach ihr Kommunikationsverhalten.

Verbindet man diese Anpassungsfähigkeit mit Voreinstellungen, Systemdaten, Prüfroutinen, HELP-Funktionen usw., so ergibt sich ein gleitender Übergang zu Expertensystemen.

---

[176] Z. B. wegen der verschiedenen Häufigkeit ihrer Anwendung.

3 Technische Fragen

Während in den vorangegangenen Kapiteln der Mensch und seine Anforderungen an die MMS im Mittelpunkt standen, soll nun die technische Seite der MMS behandelt werden.

Die Anforderungen der verschiedenen Benutzerkreise können durch unterschiedlich realisierte MMS erfüllt werden (Kap. 3.1). Kap. 3.2 beschäftigt sich mit der Hardware, den Endgeräten der MMS; Kap. 3.3 greift Fragen der dahinterliegenden Software auf. Diese beiden Aspekte dürfen nur gemeinsam gesehen werden, da:
- jede Funktion der MMS nur durch das *Zusammenspiel beider Komponenten* realisiert wird,[1] und
- die Grenze zwischen Hard- und Software, z. B. aufgrund des technologischen Fortschritts[2] nicht starr ist.

Es kommt bei der MMS nicht darauf an, wie eine Funktion „im Inneren" realisiert ist, solange diese Unterschiede für den Benutzer unsichtbar bleiben.

Beispiel: Für den Piloten eines Flugzeuges ist es im Normalfall unwichtig, ob die Betätigungen des Steuerknüppels über Seilzüge, Hydraulik oder elektrische Signale an die Steuerruder usw. übertragen werden. Die Realisierungsalternativen sind hier für den Benutzer gleichwertig.

Anders liegt der Fall bei der MMS einer mechanischen bzw. pneumatischen Orgel, da im ersten Fall die Wirkung sofort, im zweiten Fall erst nach einer Totzeit eintritt. Hier sind die Alternativen für den Benutzer nicht gleichwertig.

Bei der Beurteilung von Realisierungsalternativen darf nicht nur der *Normalfall* gesehen werden, sondern es muß auch[3] für Fehlerfälle vorgesorgt werden (Kap. 3.4).

Schließlich soll in Kap. 3.5 auf Hilfsfunktionen:

---

[1] Vgl. hier das „Stoff/Form-Problem" der aristotelischen Philosophie [POP77].
[2] Viele in Firmware realisierte Funktionen heutiger „intelligenter Endgeräte" mußten früher ausprogrammiert werden.
[3] Im Sinne von vorbeugenden und Eventual-Maßnahmen.

– passive Unterstützung des Benutzers (HELP) und
– aktive Anpassung an Benutzereigenschaften (adaptive MMS)
eingegangen werden.
Eine Beschreibung von Software-Werkzeugen (Tools) zur Gestaltung und Anpassung der MMS in Kap. 3.6 schließt das Kapitel.

3.1 Realisierung

Die Realisierung der MMS hängt weitgehend von den in Kap. 2.1 angeführten Bedürfnissen der Benutzer als:
– Betreiber,
– Daten- und Systemverwalter und
– Systementwickler
ab. Je nach Entwicklungsstand[4] eines Projekts haben die MMS dieser Personenkreise verschiedenes Gewicht, wie in Abb. 20 gezeigt wird.
– In der Planungsphase arbeitet der Entwickler mit dem Kunden zur Erstellung eines Pflichtenhefts zusammen. Eine durch Prototyping realisierte „Muster-MMS"[5] ist neben flexibler Textverarbeitung nützlich. Der eigentliche Prozeßrechner spielt noch keine Rolle.[6]

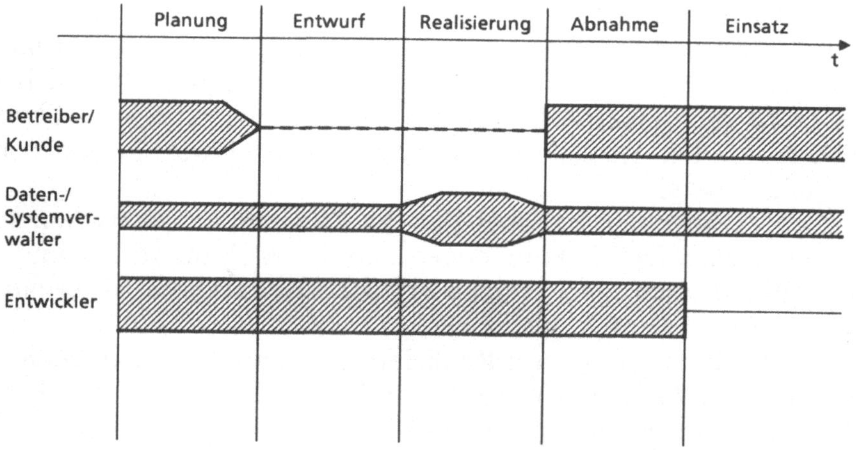

Abb. 20. Beteiligung der Personengruppen im Projektablauf

---

[4] Vgl. die Phasenorganisation von Projekten [SIE85], bzw. Kap. 4.
[5] Vgl. 2.4 und 3.6.1.
[6] Und ist meist auch noch nicht verfügbar.

- In der Entwurfs- und Realisierungsphase überwiegt der Systementwickler. Er betreibt den „Prozeßrechner" als Software-Entwicklungs-Umgebung. Seine MMS ist die der üblichen Softwareentwicklung.[7] Echtzeit-Aspekte spielen noch eine geringe Rolle.
- Der Daten- und Systemverwalter ist während der Entwurfsphase hinsichtlich der Gestaltung der MMS für Datenpflege beteiligt. Später in der Realisierungsphase ist seine Aufgabe der Aufbau des inneren Prozeßmodells nach den vorliegenden Kundenangaben. Hier wird die funktionsfähige MMS für Datenpflege schon vorausgesetzt.[8] Die Kommunikation über die MMS zur Datenkonstruktion erfolgt bereits auf technologischer Sprachebene mit allen nötigen Prüfungen. Entsprechend werden technologische Strukturen der entsprechenden Fachsprache und nicht Programmstatements oder Datenbankaufrufe verwendet.

  Die Arbeitsgeräte sind vorwiegend graphische Sichtgeräte,[9] die die technologischen Strukturen[10] übersichtlicher als in Listenform darstellen können.

  In dieser Phase ist die Arbeitsweise *on-line, aber nicht realtime.*
- Der Betreiber ist während der Planungsphase wesentlich an der Systemgestaltung und damit auch bei der Festlegung der Anforderungen an die Betriebs-MMS beteiligt.

  Beim Abnahmetest und dem folgenden Einsatz geht der Schwerpunkt auf den Betreiber über; der Daten- und Systemverwalter tritt nur mehr bei teilweise häufigen und komplexen Änderungen und Erweiterungen in Erscheinung. Jedoch müssen seine Eingriffe jetzt, zum Unterschied gegenüber der vorigen Phase, *unter Berücksichtigung der real-time-Bedingungen* des laufenden Prozesses erfolgen.

  Wenn seine Bedienoberfläche nach außen auch der der zweiten Phase gleicht, müssen hinsichtlich Zulässigkeit und Zeitpunkt der Aktivierung von Datenänderungen nun viel strengere Prüfungen durchgeführt werden, um Störungen des Prozeßablaufes zu verhindern.

---

[7] Z. B. Editor, Compiler, Binder, Testsystem, Programm- und Datenbibliothek.

[8] Als Notmaßnahme kann in dieser Phase auch mit einem Editor oder dem Datenbankpflegeprogramm des Betriebssystems gearbeitet werden. Da diese Programme aber keine technologiebezogene Prüfung der Eingabedaten ermöglichen, ist die Gefahr logischer Fehler größer.

[9] Vgl. Kap. 3.2.

[10] Z. B. Netzstruktur, Schalter, usw.

Der Entwickler tritt, abgesehen vom Fehlerfall, nicht mehr in Erscheinung.

Diese Vierteilung kann dazu führen, daß die jeweils benötigte periphere Ausrüstung des Rechners ganz verschieden ist.
- Planung: Prototyp-MMS, Textverarbeitung.
- Entwurf und Realisierung: Viele Entwicklungsterminals, Einfachrechner[11] und Rechenzentrumsperipherie. Die technologische Peripherie, in Minimalausstattung, ist nur zu deren Test erforderlich.
- Technologische Realisierung und Integration: Weniger Entwicklungsterminals, viele Graphiksichtgeräte zum Aufbau der Datenstruktur.
  Der Aufbau des inneren Prozeßmodells, sowie die zugehörige Definition der graphisch/textuellen Bildschirmmasken kann sehr aufwendig sein. Rechnet man z. B. 1 Arbeitstag je Bild, so ergibt sich bei 1000 Bildern (die bei großen Projekten durchaus vorkommen können) ein Aufwand von ca. 5 Bearbeiterjahren. Daher soll dieser Datenaufbau, soweit möglich, simultan an mehreren Sichtgeräten durchgeführt werden.
  Zur Kontrolle sind entsprechende Ausgabegeräte (Drucker, Plotter) vorzusehen. Die Datenbank wird kritisch.
  Einfachrechner genügen noch, außer beim Test der Rechnerkopplung.
  Die weitgehend vollständige technologieorientierte Peripherie der MMS ist zur Erprobung der Bedienung und teilweise zur Datenkonstruktion erforderlich.
- Einsatz im produktiven Betrieb: Wegfall der Entwicklungsterminals und der Rechenzentrumsperipherie; weniger Geräte zur Datenpflege,[12] umfangreiche endgültig getestete technologische Peripherie.
  Doppelrechner sind wegen der hohen Ausfallsicherheit meist erforderlich. Es herrschen Echtzeitbedingungen.
  Dieser Übergang zwischen den Projektphasen wird in Abb. 21 angedeutet.
  Sieht man als *naiver Benutzer* eines technischen Geräts dessen MMS, so ist im allgemeinen nur die MMS der 4. Phase (normale Nutzung) sichtbar, und man ist geneigt, die anderen Aspekte zu übersehen.[13]

---

[11] Da noch keine extreme Ausfallsicherheit erforderlich ist.
[12] Nur für den laufenden Änderungbedarf.
[13] Z. B. beim Betrieb eines Autos oder einer Stereoanlage.

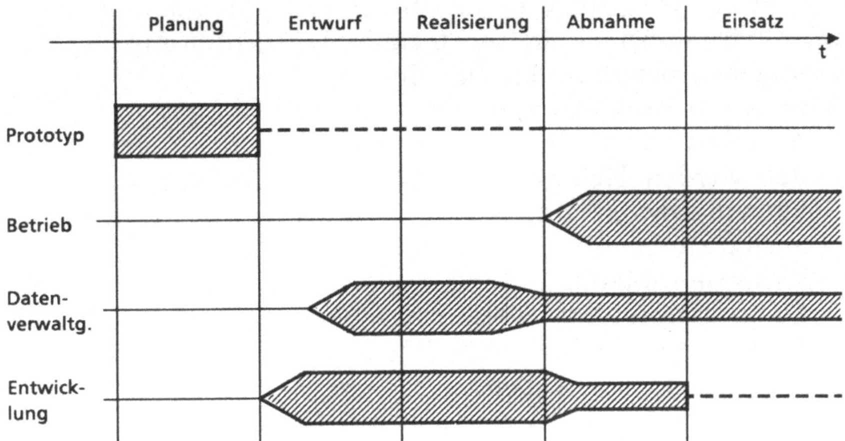

Abb. 21. Schwerpunkte der MMS in verschiedenen Projektphasen

Hier fällt auch der Daten- und Systemverwalter fast weg.[14]

Bei änderungsintensiven komplexen Prozessen, z. B. bei der Netzleittechnik, ist der Daten- und Systemverwalter fallweise, der Betreiber dauernd nötig.

Beide Personenkreise sollten funktionell und eventuell örtlich[15] entkoppelt werden. Diese Trennung ist auch wegen der Verantwortungsabgrenzung bei der Prozeßführung sinnvoll. Auch für die Schulung ist ein getrennter Arbeitsplatz sinnvoll. Ist das nicht möglich, so muß mindestens die *funktionelle* Isolation, z. B. über einen Schlüsselschalter mit den Stellungen „Betrieb" und „Simulation", sichergestellt werden.

3.2 Hardware

3.2.1 Allgemeines

An der MMS treffen der Mensch und die Maschine aufeinander. Um eine reibungslose Kommunikation zu gewährleisten, müssen die Geräte für die Ein-/Ausgabe an die menschlichen Sinne (Ausgabegeräte) und Handlungsmöglichkeiten (Eingabegeräte) angepaßt

---

[14] Ausnahmen sind, z. B. bei Videorecordern, die „Programmierung" der Zeiten für automatische Aufnahme. Auch „Testadapter" in Autos für Service und Fehlerdiagnose zählen hierzu.
[15] Durch einen getrennten eigenen Arbeitsplatz.

sein.[16] Die konkrete Auswahl aus diesen prinzipiell möglichen Kommunikationskanälen, bzw. die technische Ausführung der Geräte muß aufgabenspezifisch durchgeführt werden.

Von den menschlichen Sinnen kommen in Frage:
- *Gesichtssinn*: Medium: Licht; starke Richtwirkung. Empfunden werden Helligkeit, Farbe, Form, Bildwechsel ... Damit können sowohl graphische Darstellungen (incl. Kurven) als auch textuelle Ausgaben verarbeitet werden.
- *Gehörsinn*: Medium: Schallwellen; relativ schwache Richtwirkung. Empfunden werden Lautstärke, Tonhöhe, Dauer ... Damit sind sowohl Signale (Hupe, Sirene ...) als auch Sprachinformationen verarbeitbar.
- *Tastsinn*: Medium: Druck; wichtig für die Gestaltung von Tastaturen, Druckknöpfen, Schaltern, deren „Widerstand" eine Rückmeldung der Betätigung ermöglicht.[17]
- *Gleichgewichtssinn*: Medium Schwerkraft oder dynamische Kräfte aus dem Bewegungszustand.[18] Der Gleichgewichtssinn ist wichtig für die MMS von Echtzeitsystemen, mit denen der Mensch selbst bewegt wird.[19] Der Gleichgewichtssinn kann ohne Anzeigegeräte wichtige Systemzustände feststellen.[20]
- *Geschmackssinn, Geruchssinn*: Medium: chemische Stoffe. Diese Sinne sind bei manchen chemischen Prozessen mit Echtzeitcharakter, wie Speisenzubereitung ... sinnvoll einsetzbar; sonst eher als Alarmempfänger, z. B. „Brandgeruch".
- *Schmerzsinn*: Medium: Erregung von Schmerzrezeptoren, z. B. bei Überlastungen und Verletzungen. Es ist kein sinnvoller Einsatz denkbar; höchstens zur Alarmauslösung.
- *Wärmesinn*: Medium: Wärmestrahlung. Ein Einsatz z. B. für die Einstellung von Klimaanlagen nach „Behaglichkeit"[21] und eventuell zur Alarmauslösung ist denkbar.

Die Informationskanäle der Sinne sind *simultan* einsetzbar, wobei die Zuordnung mehrerer Sinneseindrücke zu *einem* Ereignis automatisch möglich ist.

Ausgabeorgane des Menschen: Medium: immer Muskelbewegungen in verschiedenster Form.

---

[16] Vgl. [BEN81], [DAM84], [KAP85] und [MEY59].

[17] Vgl. unangenehme Folientastaturen, ohne merkbaren Betätigungsweg oder „Klick-Empfindung".

[18] Die räumliche Orientierung wird vom Gleichgewichtsorgan im Ohr festgestellt.

[19] Z. B. Flugzeug, Auto, Fahrrad ...

[20] Z. B. Schleudern eines Autos.

[21] Die „Behaglichkeit" wird nicht nur von der Temperatur, sondern auch von der Luftfeuchtigkeit und der Tätigkeit mitbestimmt.

- *Hände*: Betätigung von Tasten, Schaltern, Handrädern,Tastaturen.
- *Füße*: wie bei den Händen; jedoch sind nur weniger differenzierte Bewegungen möglich, wie Betätigung von Fußschaltern in „Totmanneinrichtungen" und Alarmanlagen.
Beide Effektoren sind zu hoher Parallelverarbeitung bei der Ausgabe fähig.[22]
- *Augenbewegungen*: Ablesung mit Spiegeln ermöglicht Eingaben, wenn die Hände/Füße nicht frei sind.[23]
- *Sprache*: Spracheingabe[24] oder Einzelsignale (Notruf).

Unter Berücksichtigung dieser, hier nur kurz angegebenen, anatomischen Gegebenheiten ist im konkreten Fall die technische Gestaltung der MMS zu entscheiden.

Weitere Kriterien sind z. B.:

- Ist parallele oder serielle Ein/Ausgabe nötig?[25]
- nötige Reaktionsgeschwindigkeit (Hände, Sprache).
- Kritikalität des Prozesses. Wenn besondere Aufmerksamkeit erforderlich ist, dürfen keine ablenkenden Nebentätigkeiten geplant werden, die in weniger kritischen Anwendungen ohne weiteres vom gleichen Operator durchgeführt werden können.
- Soll digitale[26] oder analoge[27] Eingabe verwendet werden?
- Welche Sinne/Effektoren sind an der betrachteten MMS verfügbar?[28]

Auf Grund dieser Bedingungen werden nun einige Ein/Ausgabegeräte nach ihrem Funktionsprinzip und ihren Einsatzmöglichkeiten und Grenzen besprochen und jeweils Beispiele angegeben.

Die angegebenen Ein-Ausgabegeräte werden meist in Leitständen oder Warten[29] zusammengefaßt.

---

[22] Z. B. Autofahren, Klavierspielen ...

[23] Z. B. Steuerung von Fahrzeugen, Umblättern von Büchern usw. für Behinderte; vgl. [DAM84].

[24] Die Spracheingabe in Rechner ist für gleichbleibende Sprecher und kleinen Wortschatz technisch verfügbar. Weitergehende Anforderungen, z. B. sprecherunabhängige Spracheingabe oder „Verstehen" längerer Sätze sind heute noch Gegenstand der Forschung.

[25] Z. B. kann man mit dem Gesichtssinn zugleich den Prozeß (z. B. Straße vor dem Auto, Luftraum vor dem Flugzeug) beobachten, als auch „eingespiegelte" Warnungen/Zustandsanzeigen bemerken.

[26] Z. B. Tastatur, Schalter.

[27] Z. B. Lenkrad, Drehregler, „Maus".

[28] Z. B. hat ein Chirurg zur Bedienung eines Patientenüberwachungssystems keine Hände frei.

[29] Vgl. Kap. 3.2.4.

3.2.2 Eingabegeräte

Es werden in diesem Abschnitt *mechanische* (Kap. 3.2.2.1-4) und *akustische* (Kap. 3.2.2.5) Eingabegeräte behandelt.

3.2.2.1 Tasten und Schalter

Funktion: Eingabegeräte mit zwei oder mehreren diskreten Stellungen, von denen nicht alle mechanisch stabil sein müssen.[30] Tasten werden oft mit Signallampen (vgl. Kap. 3.2.3.1) kombiniert, die z. B. zur Quittierung der erfolgten Eingabe dienen.

Mögliche Eingabewerte: Ja/Nein, bzw. ganze Zahl (entsprechend der Schalterstellung).

Technische Ausführung: Diese ist stark vom Einsatzzweck, der Bedienungshäufigkeit, der erforderlichen Sicherheit und der Robustheit unter den jeweiligen Einsatzbedingungen abhängig.

Eine falsche Wahl der technischen Ausführung und Anordnung kann die Arbeitsplatz-Ergonomie stark verschlechtern. Z. B. sind Tastaturen wie bei einem Taschenrechner in der staubigen, temperaturbelasteten Umgebung eines Stahlwerks, wo zusätzlich mit dicken Handschuhen gearbeitet werden muß, völlig unbrauchbar. Das Gleiche gilt umgekehrt.

Die räumliche Anordnung muß eine bequeme Bedienung im Betrieb ermöglichen.[31] Bei der Anordnung ist auch auf die Körpermaße des Benutzers Rücksicht zu nehmen.[32]

- *Folienschalter/-tasten,* möglichst mit „Klickeffekt", um die Betätigung spürbar zu machen, sind eher für untergeordnete Aufgaben mit geringer Betätigungshäufigkeit und geringen Sicherheitsanforderungen geeignet; sie sind aber billig. Typischer Einsatz bei Taschenrechnern, Kopiergeräten, usw.
- *mechanische Kontakte* können in den verschiedensten Ausführungen für die verschiedensten Anforderungen hergestellt werden; sie sind der meistverwendete Standard.
- *elektronische Tasten* verwenden als Funktionsprinzip z. B. Kapazitätsänderungen beim Berühren. Es ist kein mechanischer Tastenhub erforderlich. Daher tritt keine Abnützung auf; die

---

[30] Die Wirkung einer Taste kann z. B. nur während ihrer Betätigung bestehen (Normalfall), oder nach einmaliger Betätigung verriegelt bleiben (NOTAUS-Taste, die speziell mechanisch entriegelt werden muß). Schalter haben meist stabile Stellungen, die durch die Stellung des Betätigungsorgans optisch erkennbar sind.

[31] Z. B. bei Fußschaltern als Totmanneinrichtung, die ohne Ablenkung von der Fahrzeuglenkung ohne langes Suchen betätigt werden müssen.

[32] Es ist mir ein Beispiel aus der Fertigung bekannt, wo durch Abschneiden von Sesselbeinen die Erreichbarkeit eines Fußschalters sichergestellt und damit die Produktivität wesentlich gesteigert werden konnte.

erfolgte Betätigung muß aber zur Kontrolle (z. B. durch Glimmlampe) rückgemeldet werden. Typische Anwendungen in Aufzügen, usw.

- *magnetische Tasten* verwenden als Funktionsprinzip den Hall-effekt; sie weisen keine bewegten Kontakte auf, sind daher bei häufiger Betätigung sehr funktionssicher. Da ein spürbarer Tastenhub auftritt, ist keine Rückmeldung erforderlich. Typischer Anwendungsfall sind Tastaturen von Sichtgeräten oder elektronische Schreibmaschinen, usw.

Vorteile: Tasten und Schalter können einer Funktion eindeutig zugeordnet werden und z. B. in Warten (vgl. Kap. 3.2.4) im Prozeßabbild der Funktion entsprechend angeordnet werden. Daneben sind sie Elemente von Tastaturen (vgl. Kap. 3.2.2.2).

Nachteile: Da jede Taste einer spezifischen Funktion zugeordnet ist, ist ein sehr hoher Aufwand an Verdrahtung zum Rechner und eine sehr hohe Anzahl von Prozeßelementeingängen nötig. Man sollte daher nur jene Funktionen über einzelne Tasten/Schalter realisieren, die entweder sehr häufig betätigt werden, oder die hohe Sicherheitsrelevanz haben.[33]

Sicherheitsrelevante Tasten (z. B. ALARM oder NOTAUS) sollten an leicht erreichbarer Stelle in auffälliger Ausführung angeordnet werden, um unter Streß Bedienungsfehler zu vermeiden. Es wäre daher falsch, solche Alarme über eine Standardtastatur auszulösen.

3.2.2.2 Tastaturen

Funktion: Tastaturen sind aufgabenspezifisch festgelegte regelmäßige Tastenanordnungen, die im wesentlichen in zwei Formen auftreten:

- *Standardtastatur*: Die im wesentlichen von der bekannten Schreibmaschinentastatur übernommene und oft durch einige Zusatztastenfelder[34] ergänzte Tastatur erlaubt die Eingabe beliebiger Kommandos und Texte, und über Erweiterungen[35] die bequeme Steuerung des Cursors (Schreibmarke am Bildschirm).
Wegen der Universalität der Eingabefunktionen sind sie Teil fast jeder komplexen MMS.

---

[33] Vgl. damit die Möglichkeit, auf Sichtgeräte-Tastaturen spezielle häufig verwendete Funktionen an *Funktionstasten* zuzuweisen, um z. B. häufige Kommandos nicht immer ausschreiben zu müssen.

[34] Z. B. numerischer Zehnerblock, Cursor-Steuertasten, Funktionstasten für häufige Kurzkommandos...

[35] Maus, Steuerknüppel.

- *Technologische Tastatur*: Die Tastenanordnung orientiert sich am durch die Prozeßtechnologie bedingten Arbeitsablauf. Ein Beispiel (Abb. 22) zeigt eine für die Lauflampentechnik ausgelegte technologische Tastatur aus der Netzleittechnik.[36]

In mehreren Spalten sind die den einzelnen Arbeitsschritten zugeordneten Tastengruppen angeordnet:
- Auswahl: Betrieb/Simulation
- Stationsauswahl
- Unterstationsauswahl
- Geräteanwahl (z. B. Schalter, Meßgerät, ...)
- Funktionsauswahl (z. B. Schalten, Ablesen, ...)
- Auslösung.

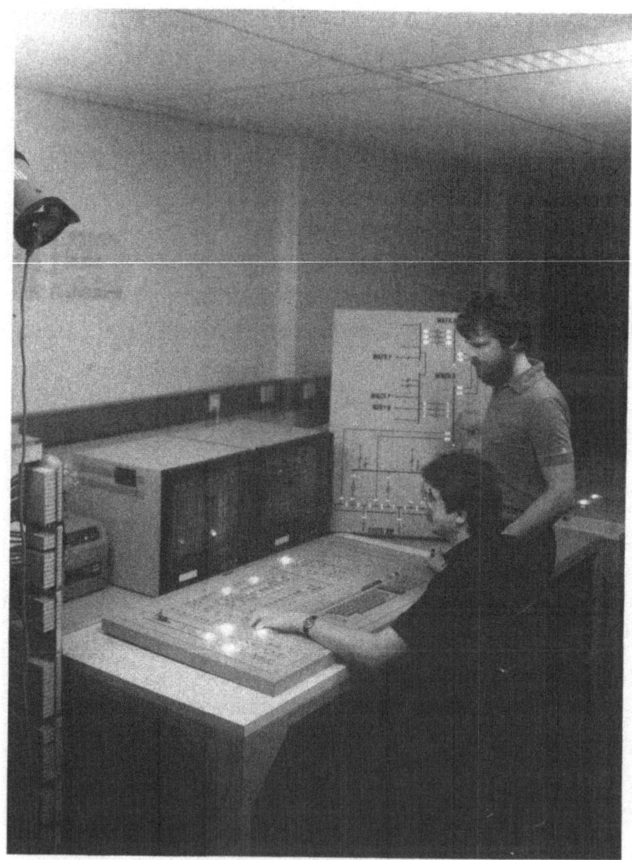

Abb. 22. Technologische Tastatur der Netzleittechnik
Quelle: Siemens

---

[36] Vgl. [SCH80].

Völlig anders ist z. B. die technologische Tastatur des Cockpits eines Flugzeuges gestaltet.[37]

Als Ergänzung enthalten auch technologische Tastaturen oft weitere Eingabegeräte wie: Steuerknüppel, Maus, Einstellregler, usw.

Mögliche Eingabewerte: Beliebige Texte, Zahlen und Signale bei der Standardtastatur; technologieorientierte Funktionen bei der technologischen Tastatur.

Technische Ausführung: Es gilt das in Kap. 3.2.2.1 Gesagte.

Vorteile: Da die meisten Funktionen als Codeworte bei der Standardtastatur oder durch schrittweise technologische Anwahl ausgelöst werden, sind keine oder nur wenige funktionsspezifische Einzeltasten nötig.[38] Der Aufwand an Verdrahtung und Prozeßrechnereingängen verringert sich wesentlich.

Nachteile: Die codierte oder schrittweise Eingabe über Tastaturen ist langsamer als die Direktauslösung. Dies kann bei extrem zeitkritischen Eingaben wichtig sein.[39] Einzeltasten sind auch dann nötig, wenn *mehrere Eingaben gleichzeitig* durchgeführt werden müssen.[40]

3.2.2.3 Kontinuierliche Einstellgeräte

Funktion: Sie dienen zum Eingeben analoger Werte, z. B. bei der Fahrzeuglenkung, für Geschwindigkeiten, Temperaturen usw.

Mögliche Eingabewerte: Stufenlos einstellbarer Bereich.[41]

Technische Ausführung: In der Regel wird vom Menschen eine Strecke (Schieberegler), ein Winkel (Drehregler), seltener ein Druck

---

[37] Vgl. [CHM85] und Abb. 26.

[38] Auch die Funktionstasten von Standardtastaturen sind technisch nicht fix einzelnen Funktionen zugeordnet. Ihre Zuordnung erfolgt vielmehr durch das dahinterstehende Programm. Daher kann die Tastenbelegung, z. B. entsprechend der gerade bearbeiteten Aufgabe, bei Bedarf verändert werden. Dies wird häufig bei Terminals der allgemeinen EDV und bei „Personal-Computern" (PC) angewendet. Die jeweils gültige Tastenbelegung kann durch auf das Tastenfeld auflegbare Masken angegeben werden. Ähnliches gilt für die „Tasten" am Bildschirm; die sog. poke-points; vgl. Kap. 3.2.2.4 und [CHA83].

[39] So wäre es z. B. sinnlos, zur Einsparung von Pedalen in einem Auto zuerst das Kupplungs-, Brems- oder Gaspedal anzusteuern und dann das nunmehr einzige Pedal zu betätigen.

[40] Ein gutes Beispiel ist das Klavier.

[41] Natürlich können Zahlenwerte mit beliebiger Genauigkeit auch über Tastaturen eingegeben werden; doch ist dies oft aus Gründen der Reaktionsgeschwindigkeit, bzw. der inneren Verarbeitung im Menschen sinnlos; z. B. ein „digitales Lenkrad" im Auto, da die Zeit zur Umcodierung in Richtungskoordinaten die Reaktionszeit des Menschen unzulässig verlängern würde. Dagegen kann die sachlich ähnliche Aufgabe der Richtungseingabe in den Autopilot eines Schiffes oder Flugzeuges durchaus numerisch erfolgen. Diese Werte bleiben aber auf längere Zeit gültig und müssen nicht, wie beim Auto, in Sekundenbruchteilen verändert werden.

eingestellt, der dann vom Eingabegerät in ein analog oder digital codiertes Signal umgesetzt und an den Prozeßrechner zur Weiterverarbeitung übergeben wird.[42]

Die technische Ausführung orientiert sich an den Einsatzbedingungen, Sicherheits- und Genauigkeitsforderungen.

Infrage kommen folgende Funktionsprinzipien:

- Druckgeber: Das Eingangssignal ist Druck.[43] Es ist zwar rasche Eingabe, jedoch nur geringe Genauigkeit möglich.
- Strecken/Winkel können über elektrische Widerstände (Potentiometer) oder induktiv in rechnerlesbare Signale umgesetzt werden.[44] Genauigkeiten bis ca. 0,1% sind leicht möglich.
- Strecken/Winkel können aber auch direkt[45] in Digitalsignale umgeformt werden. Es sind[46] nahezu beliebige Genauigkeiten erzielbar.

  Die Genauigkeitsanforderungen (Ersteinstellung bzw. Wiederholbarkeit) des Menschen sind bei der Analogeingabe nicht allzu hoch; wesentlicher ist die Reaktionsgeschwindigkeit des Systems.[47] Sehr genaue Zahleneingaben stehen meist nicht so unter Zeitdruck und können daher über Tastaturen erfolgen.

- Maus: Ein analog arbeitendes Eingabegerät für gleichzeitig zwei Werte (entsprechend der Lage eines Punktes auf einer Ebene, z. B. Bildschirm) ist die „Maus" oder „Rollkugel".
  Durch ihre Bewegung werden Wege in elektrische Signale umgesetzt, die z. B. als Koordinatenpaar weiterverarbeitet werden können. Auch hier ist die Genauigkeit unwichtig, da die Lagekontrolle, z. B. des Cursors, optisch erfolgt.
- Steuerknüppel:[48] Die Lage des Steuerknüppels gibt mit Hilfe von Schaltern zweidimensional die Richtung an. Gegenüber der Maus, die Wege codiert, ist hier neben der Richtung die Dauer der Kontaktgabe das Signal.[49]

---

[42] Die interne Codierung der analogen Eingabe durch den Menschen betrifft diesen nicht. Sie ist bei hinreichender Umsetzgeschwindigkeit daher für die Arbeit mit der MMS unerheblich.

[43] Z. B. am Bremspedal, da die Reibung der Bremsen, und damit die Verzögerung druckproportional ist.

[44] Ein Analog/Digitalwandler im Prozeßelement sorgt für die rechnerinterne Zahlendarstellung.

[45] Z. B. über Codescheiben.

[46] Vgl. die ähnlich funktionierenden Weggeber in Werkzeugmaschinen.

[47] Meist ist, z. B. beim Autolenken mit Lenkrad, der Mensch Teil eines Regelkreises (vgl. Kap. 2.2.2.1); Einstellfehler können schnell erkannt und dynamisch korrigiert werden.

[48] Auch „joy-stick" genannt.

[49] Beim Arbeiten mit Maus oder Steuerknüppel ist für die Akzeptanz der MMS die Reaktionsgeschwindigkeit des Rechners entscheidend. Z. B. muß der Cursor den kontinuierlichen Bewegungen der Maus kontinuierlich folgen; ebenso darf er beim Steuerknüppel nicht ruck-

Vorteile: Kontinuierliche Eingabegeräte erlauben schnelles Arbeiten bei zeitkritischen kontinuierlichen Prozessen. Die Analogeingabe kommt dem menschlichen Verhalten sehr entgegen. Das Umgehen mit logischen oder Zahlenwerten erfordert bewußtes Nachdenken und ist daher unter Echtzeitbedingungen langsamer und fehleranfälliger.[50]

Nachteile: Geringe Eingabegenauigkeit.

3.2.2.4 Graphikorientierte Eingabegeräte

Funktion: Kombiniert alphanumerisch-graphische Sichtgeräte sind heute die wichtigsten Eingabegeräte für Prozeßsteuerungen. Die Kommunikation kann sowohl über alphanumerische Standardtastaturen als auch über interaktive Graphik erfolgen.

Über auch in der allgemeinen EDV übliche Formular- und Menusteuerungen[51] hinaus bieten Graphiksichtgeräte erweiterte Kommunikationsmöglichkeiten. Gemeinsam ist den im folgenden besprochenen Methoden, daß die Auswirkungen von Eingaben direkt im Prozeßabbild (vgl. auch Kap. 3.2.3.4) angezeigt werden.[52]

- *Kommandobetrieb:* Es existiert keine technologische Tastatur; die Eingaben (Kommandos, Abfragen, Quittierungen) werden über eine alphanumerische Standardtastatur eingegeben. Dazu ist am Bildschirm eine Kommandozeile reserviert. Eventuelle Fehlermeldungen werden, wie andere Systemmeldungen in einer ebenfalls reservierten Meldezeile[53] ausgegeben. Dies entspricht der bei der allgemeinen EDV üblichen Vorgangsweise.

- *Menubetrieb:* Auch hier erfolgt die Eingabe über eine Standardtastatur; jetzt aber durch Ansteuern (mit Zahlen oder Cursorsteuertasten) und Markieren gewählter Alternativen im alphanumerischen Betrieb. Diese in der üblichen EDV und auf PC verbreitete Vorgangsweise hat für Echtzeitsysteme

---

weise springen. Eine zu geringe Reaktionsgeschwindigkeit des Rechners führt bei der Maus dazu, daß die Stellungswerte zu selten abgetastet werden, was zu merkbaren Sprüngen des Cursors führt. Da die kontinuierliche Eingabe durch die Hand und die optische Kontrolle der erreichten Lage in einem Regelkreis liegen, führen derartige Verzögerungen zur Unkontrollierbarkeit und Unstabilität.

[50] Das irdische Leben spielt sich seit seiner Entstehung in einer stetigen Umwelt ab. Daher wurde evolutiv stetiges Verhalten gelernt, das weitgehend unbewußt automatisch abläuft, vgl. [RIE80].

[51] Vgl. [ZIM83] und [ZWE83].

[52] Daneben werden, (vgl. Kap. 2.2.1) alle Eingriffe im Betriebsprotokoll festgehalten und können auf Wunsch tabellarisch oder einzeln als Text ausgedruckt oder angezeigt werden.

[53] In der Meldezeile werden nur Fehlermeldungen nach Eingabefehlern oder Meldungen vom System angezeigt; die Auswirkung fehlerfreier Kommandos wird in der graphischen Prozeßdarstellung an entsprechender Stelle angezeigt.

geringere Bedeutung. Die mehrstufige Abfrage verlängert gegenüber direkter Kommandogabe die Reaktionszeit; der Vorteil der Benutzerführung ist hier, wegen der Voraussetzung ge-
übter Betreiber, von geringerer Bedeutung.
Für nicht unter kritischen Echtzeitbedingungen stehende Eingaben wird die Menutechnik aber viel verwendet.[54]

- *poke-points:* Damit werden „empfindliche Punkte" am Bildschirm bezeichnet, auf die man zeigen kann. Sie entsprechen
der Menutechnik, sind aber in die Graphik integriert. Durch
Positionieren des Cursors und Auslösung werden dem Rechner die Bildschirmkoordinaten des angesteuerten Punktes zur
weiteren Verarbeitung übergeben.
Die poke-points können in einem fixen Bereich (z. B. in der
Kommandozeile) angeordnet sein, können aber auch direkt
der Graphik zugeordnet werden. Die fixe Lage macht es leichter, die möglichen poke points zu finden;[55] die lokale Zuordnung zum Abbild der beeinflußten Prozeßkomponente erleichtert dagegen die Zuordnung.
Mit poke-points läßt sich (vgl. Abb. 23) eine technologische
Tastatur auch am Bildschirm realisieren.
Der Aufbau entspricht völlig der als Hardware realisierten
technologischen Tastatur; er ist nur aus Gründen der besseren
Bildschirmausnützung um 90 Grad gedreht. Die bedienbaren
Felder werden färbig (z. B. weiß) dargestellt; nicht bedienbare
bleiben dunkel.[56] Die „Lauflampe" in der linken Spalte zeigt
den Bedienungszustand an. Daneben sind die Felder zur Auswahl des nächsten Bedienschrittes angezeigt. Im Alarmfall zeigen (z. B. rot blinkende) Felder einen Anwahlweg zum Bild
mit der Störung.[57]

- Maus-/Steuerknüppel: Sie ermöglichen, neben den üblichen
Cursor-Steuertasten, das schnelle Ansteuern beliebiger Stellen
am Bildschirm und nach Auslösung die dadurch codierte

---

[54] Z. B. Zustandsabfragen, Datenverwaltung, Bildkonstruktion, usw.

[55] Es können entweder alle irgendwann möglichen oder nur die im jeweiligen Kontext sinnvollen Alternativen angezeigt werden. Die nichtaktuellen Alternativen entsprechenden Punkte werden dann dunkelgetastet.

[56] Um den Bildaufbau nicht zu zerstören, werden hier die nicht bedienbaren Felder nicht weggelassen, wie dies sonst bei graphischen Menüs möglich ist.

[57] Durch die höhere Flexibilität der Feldaufteilung und die freie Farbwahl können technologische Tastaturen flexibler gestaltet und leichter verändert bzw. erweitert werden als bei
der Realisierung durch Hardware. Man sollte sich aber auch hier davor hüten, den Bildschirm
mit Feldern „vollzustopfen" und farblich zu überladen. Dies schadet der Übersichtlichkeit.
So ist es z. B. möglich, eine sehr große technologische Tastatur auf mehrere Bilder aufzuteilen;
insbesondere deshalb, weil jeder Bedienvorgang ja sequentiell (von oben nach unten am Bildschirm) abläuft.

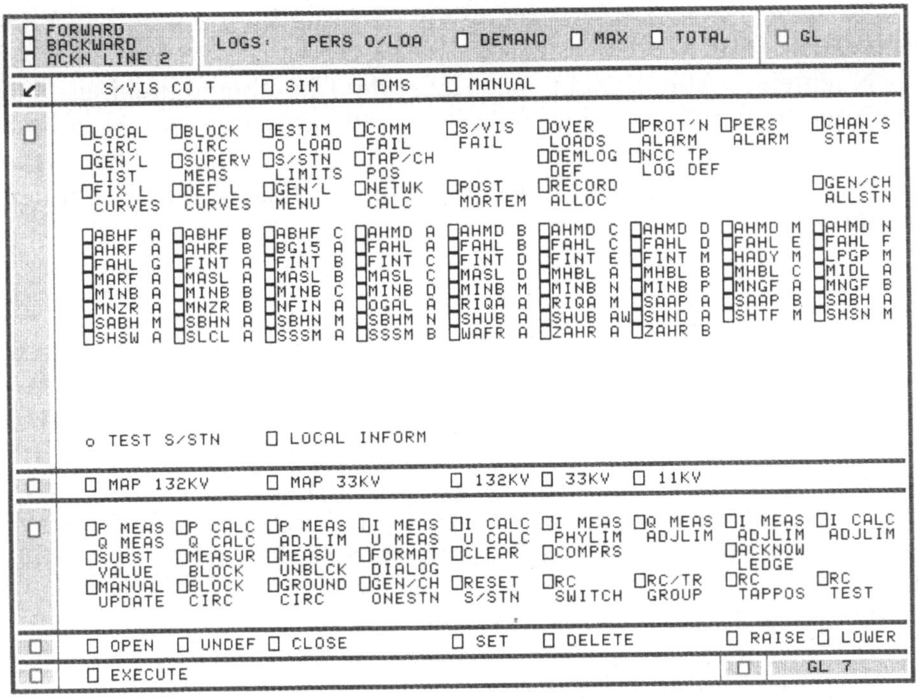

Abb. 23. Technologische Tastatur am Bildschirm mit poke-points

Kommandogabe. Die Maus arbeitet, wie oben beschrieben, kontinuierlich; man kann eine Art Fadenkreuz positionieren, wobei jeder Punkt des Bildschirms erreichbar ist. Dafür ist das schnelle Anzielen eines Punktes unter Zeitdruck schwierig.

Der Steuerknüppel kann, mit programmierter Sprungfunktion, in der angegebenen Bewegungsrichtung nur zulässige Punkte[58] ansteuern. Dies kann viel schneller geschehen; daher wird in der Prozeßleittechnik von dieser Möglichkeit eher als von der Maus Gebrauch gemacht.[59]

Mögliche Eingabewerte: Ansteuerung aller Bildpunkte (Maus) oder der beeinflußbaren Bildpunkte (Steuerknüppel).[60]

Technische Realisierung: Maus, Steuerknüppel, Tablett (vgl. Kap. 3.2.2.2).

---

[58] Das sind solche Punkte, an denen eine Eingabe möglich ist.

[59] Die Ansteuerungsmöglichkeit aller Punkte bietet dann keinen Vorteil, wenn nur an einigen wenigen Punkten, z. B. eines Netzabbildes, Eingriffe möglich sind. Dagegen bietet sie bei konstruktiven Aufgaben des CAD große Vorteile und wird dort fast ausschließlich eingesetzt.

[60] Für Aufgaben des CAD werden daneben auch *Tabletts* verwendet, die z. B. durch druckempfindliche Matrizen die Eingabe von Bildpunkten ermöglichen. Tabletts haben aber für die MMS von Echtzeitsystemen keine Bedeutung.

Vorteile: Direkte Ansteuerung von Bildpunkten ermöglicht bildbezogenen Dialog.

Nachteile: Allein nicht ausreichende Eingabemöglichkeit. Für die Eingabe von Texten[61] und Zahlen muß zusätzlich eine Standardtastatur vorhanden sein. Dies gilt auch für technologische Tastaturen, die (vgl. Abb. 24, s. S. 68) mit Standardtastaturen kombiniert werden.

3.2.2.5 Mikrophone

Funktion: Die Spracheingabe zur Prozeßsteuerung entspricht heute noch nicht dem Stand der Technik. Probleme der Spracherkennung, der Sprecherunabhängigkeit sowie der Fehlerhäufigkeit müssen noch überwunden werden,[62] doch kann die prozeßbegleitende Dokumentation günstig sprachlich erfolgen. Es ist dabei möglich, z. B. auf einer zweiten Tonbandspur, Meßwerte, Zeitangaben usw. mitzuschreiben, um z. B. eine spätere Fehleranalyse zu erleichtern.

Mögliche Eingabewerte: Sprache.

Technische Realisierung: Tonbandgeräte, eventuell ergänzt durch Sonderspuren für Zeittakt usw.

Vorteile: Viel ausführlichere Kommentare als schriftlich möglich.

Nachteile: Keine automatische Auswertung möglich.

3.2.3 Ausgabegeräte

Es werden in diesem Abschnitt *optische* (Kap. 3.2.3.1-4) und akustische (Kap. 3.2.3.5-6) Ausgabegeräte behandelt. Viele, wie z. B. Signallampen oder Bildschirme, sind mit den zugehörigen Eingabegeräten wie Tastaturen, Maus, usw. konstruktiv vereinigt.

3.2.3.1 Signallampen

Funktion: Zustandsanzeigen (Ein/Aus), Hinweis auf Sonderfälle (blinkend oder durch Farbwahl), Anzeige möglicher Eingaben.[63]

---

[61] Z. B. Kommentare zu Alarmen, durchgeführten Maßnahmen, usw.

[62] Zur Problematik der Sprach-Ein-/Ausgabe vgl. [KAP85]. Maschinelles Verstehen von Sprache ist aber erklärtes Ziel der japanischen 5. Rechnergeneration. Ein menschliches Problem ist es aber auch, daß wir uns schriftlich, d. h. auch über eine Tastatur, sehr viel exakter ausdrücken als mündlich. In Sonderfällen mit geringem notwendigen Wortschatz, und wenn der Benutzer keine Hände frei hat, wie z. B. bei einer Operation, könnte schon jetzt Spracheingabe zur Auslösung einfacher Funktionen angewendet werden.

[63] Z. B. in technologischen Tastaturen. Dabei leuchten in Art eines Menu jene Signallampen in den Tasten (weiß), die im nächsten Schritt bedienbar sind.

Abb. 24. Arbeitsplatz mit technologischer und Standardtastatur
Quelle: KELAG

Abb. 27. Steuerbühne eines Walzwerkes

Im Fall von Alarmen wird die Aufmerksamkeit zunächst durch akustische Warneinrichtungen (vgl. Kap. 3.2.3.5) erregt; dann wird durch z. B. Signallampen (oder Graphikfelder) Art und Ort des Alarms näher spezifiziert.[64]

Mögliche Ausgabewerte: Ein/Aus, Farbe (z. B. eine weiße und eine rote Lampe in jeder Taste kombiniert), ruhig oder blinkend.

Durch Kombination von Farbe und Blinken können verschiedene Zustände eines Signals unterschieden werden.[65]

Eine mögliche Zuordnung wäre:
- Aus: Ruhezustand, keine anstehende Meldung
- Rot-blinkend: Neu aufgetretener Alarm
- Rot-ruhig: quittierter, aber noch bestehender Sonderzustand
- Weiß-blinkend: Kommando in Ausführung, noch nicht abgeschlossen
- Weiß-ruhig: ausgeführtes Kommando, bei Menu: weitere Bedienmöglichkeiten

Technische Realisierung: Glühlampen, Leuchtdioden.

Vorteile: Gute Zuordenbarkeit von Signalen zu Eingabeelementen, bzw. als Zustandsanzeige in Großmeldebildern in Warten (vgl. Kap. 3.2.4).

Nachteile: Die Ansteuerung von Signallampen erfordert, ähnlich wie die der Tasten, sehr hohen Aufwand an Verdrahtung und Prozeßrechnerausgängen. Die relativ geringe Lebensdauer/Zuverlässigkeit insbesondere bei Glühlampen macht eine Lampenprüfung zur Feststellung der Funktionsfähigkeit aller Lampen unbedingt notwendig.

3.2.3.2 Anzeigende Meßgeräte

Funktion: Ausgabe von wesentlichen Prozeßkennwerten[66] in analoger (Zeigergeräte oder Analoganzeigen am Bildschirm) oder digitaler (Ziffernanzeige) Form.

Mögliche Ausgabewerte: Beliebige analoge Meßwerte.

Technische Realisierung: Zeigermeßgeräte als Gerät oder am Bildschirm durch Software realisiert; Spezialanzeigen wie Synchronisieranzeiger, Lageanzeiger im Flugzeug, Digitalanzeigen.

---

[64] So können z. B. in einer technologischen Tastatur jene Lampen leuchten, die den Anwahlweg zur Störungsangabe auf dem Bildschirm anzeigen.

[65] Am Bildschirm entspricht einer Signallampe ein Feld, das hell/dunkel, in verschiedenen Farben, blinkend oder ruhig, dargestellt werden kann. Im Gegensatz zur hardwaremäßigen Realisierung von Signallampen werden diese Felder durch Software angesteuert.

[66] Z. B. Gesamtleistung eines Kraftwerkes, Lageanzeige eines Flugzeuges mit künstlichem Horizont, Geschwindigkeitsanzeige eines Autos, usw.

Vorteile: Die dauernde, im direkten Blickfeld liegende Anzeige *weniger, wesentlicher* Kennwerte erlaubt insbesondere in Alarmfällen, aber auch im Normalbetrieb eine gute Übersicht über den Prozeßzustand im Großen. Alle weitere Detailinformation soll nur auf Anforderung, z. B. auf Graphiksichtgeräten, ausgegeben werden.[67]

Nachteile: Hoher technischer Aufwand für die Geräte, die Verdrahtung und die Prozeßrechner-Analog-Ausgänge. Dieser Aufwand ist aber bei kluger Auswahl weniger, wesentlicher Meßwerte gerechtfertigt.

3.2.3.3 Registrierende Ausgabegeräte

Funktion: Speichern von Ausgaben z. B. auf magnetischen Datenträgern oder Papier zur späteren Verwendung bzw. Verarbeitung. Diese Speicherfunktion kann einem bestimmten Meßgerät fix zugeordnet[68] oder als eigenes Ausgabegerät softwaremäßig beliebigen Ausgaben zuordenbar sein.

Mögliche Ausgabewerte: Beliebige Texte, Graphiken, Tabellen, usw. Die Ausgabewerte beeinflussen die technische Realisierung[69]

Technische Realisierung: Sie kann einerseits nach dem Speichermedium, andererseits nach dem Ausgabeprinzip unterschieden werden:

- *Magnetische Aufzeichnung:* Als Informationsträger kommen Magnetplatte, Floppy-Disk oder Magnetband infrage. Diese Alternative wird zur Registrierung dann verwendet, wenn eine spätere maschinelle Weiterverarbeitung nötig ist.[70] Die Aufzeichnung kann analog (z. B. Sprache und einige wichtige Meßwerte in Flugschreibern; Auswertung durch Abhören in Tonbandgerät oder speziellen Auswertegeräten) oder digital (zur Weiterverarbeitung in Rechnern) erfolgen.
  Wegen der großen Kapazität eignen sich magnetische Datenträger gut zur Langzeitarchivierung.[71]

---

[67] Früher wurden in großen Mosaikwarten die Anzeigegeräte als Bausteine in das Prinzipschaubild des Prozesses eingebaut. Bei großen Systemen nimmt der Raumbedarf und damit der technische Aufwand so stark zu, daß die Übersicht verloren geht; vgl. Kap. 3.2.4.

[68] Klassische schreibende Meßgeräte oder Hard-Copy-Geräte, die einem alphanumerischen oder graphischen Sichtgerät zugeordnet sind und dessen jeweils aktuellen Bildinhalt unverändert speichern.

[69] Z. B. können Kurven mit einem Plotter, nicht aber mit einem Textdrucker zu Papier gebracht werden.

[70] Natürlich können derartige Dateien über entsprechende Umsetzprogramme auch am Sichtgerät lesbar gemacht werden.

[71] Optische Aufzeichnung würde auch die hohe Kapazität bieten, entspricht aber für sichere Echtzeitsysteme noch nicht dem Stand der Technik.

– *Papieraufzeichnung:* Sie kann für Tabellen, Texte, usw. mit den üblichen Druckern erfolgen, für Graphiken (als Hard-Copy) und Kurven sind Plotter in verschiedener Technologie verfügbar.[72]

Vorteile: Langfristige Verfügbarkeit von Meßdaten für Störungsanalyse, Optimierung und aus juristischen Gründen (Betriebsprotokolle). Während früher meist auf Papier archiviert wurde, werden heute zunehmend magnetische Datenträger verwendet, die sowohl vom Menschen als auch von Rechnern ausgewertet werden können. Die großen anfallenden Datenmengen können nur mehr mit Mitteln der EDV verwaltet werden.

Nachteile: Relativ teuer, daher sollte überlegt werden, welche Meßwerte und Texte (Betriebsprotokoll und Störungsprotokoll) gespeichert werden müssen und wie lange, um den Verwaltungsaufwand klein zu halten und das gezielte Wiederauffinden von Daten zu erleichtern.

3.2.3.4 Sichtgeräte

Funktion: Man unterscheidet zwei Haupttypen:
– alphanumerische Sichtgeräte und
– Graphiksichtgeräte.

Alphanumerische Sichtgeräte entsprechen bei der Prozeßsteuerung denen der normalen EDV. Sie werden hauptsächlich für die Programmentwicklung und zur Ausgabe von tabellarischer oder von Textinformation verwendet.[73]

Graphik-Sichtgeräte werden in zwei Ausführungen verwendet:
– *Semigraphik:* Der Bildschirm ist in kleine Rechtecke (z. B. 40 Zeilen und 80 Spalten) unterteilt, von denen jedes ein beliebiges Zeichen darstellen kann. Diese Zeichen werden softwaremäßig (oder im Mikroprogramm) definiert; sie können Buchstaben, Zahlen, Sonderzeichen, aber auch Linienzüge, Schaltersymbole usw. darstellen. Die Codierung kann durch Umladen leicht geändert werden, was die Vielfalt der Zeichen erhöht.

Die grobe Rasterung macht die Darstellung von Analogmeßwerten (z. B. als Balkendiagramme) oder von Kurven schwierig.[74]

---

[72] Eine Übersicht findet sich in [KAP85] und [PUR85].

[73] Im Prinzip haben auch Graphiksichtgeräte diese Funktion. Da sie aber sehr viel teurer sind, werden sie nur dort verwendet, wo die Graphikausgabe im Vordergrund steht.

[74] Da jedes Zeichen auf einer Punktmatrix aufgebaut ist, kann man aber auch Zwischenwerte durch entsprechende Zeichendefinition darstellen. Dies belegt aber viele Zeichencodes; außerdem ist die softwaremäßige Ansteuerung komplizierter.

Für Prozeßdiagramme, die im wesentlichen aus geraden Linien (horizontal oder vertikal in verschiedener Breite und Farbe), aus Komponentensymbolen (z. B. für Generator, Schalter, Ventil . . .) und eingeblendeten beschreibenden Texten und Meßwerten bestehen, reichen die Möglichkeiten der Semigraphik voll aus.

– *Vollgraphik*: Hier ist die Punktmatrix des Sichtgerätes (z. B. 1000 * 800 Punkte) punktweise ansteuerbar. Damit können neben den oben erwähnten Funktionen auch Kurven, Konstruktionszeichnungen,[75] usw. leicht realisiert werden. Der Software- und Speicheraufwand ist viel höher, kann aber im lokalen Rechner des Sichtgerätes konzentriert werden. Im zentralen Prozeßrechner sinkt durch diese „intelligenten Endgeräte" der Softwareaufwand deutlich.

Mögliche Ausgabewerte: Alle Arten von Texten, Graphik, Prozeßdiagrammen, usw. Auch die in Kap. 3.2.2.4 erwähnten „pokepoints" können (schon bei Semigraphik) als einem bestimmten Menuwert zugeordnete Felder realisiert werden. Durch die freie Wahl der Farbgebung und Darstellungsart (hell/halbhell/dunkel, ruhig/blinkend) können sie sehr flexibel in Menus eingesetzt werden.

Technische Realisierung: Kathodenstrahlröhren in ein- oder mehrfärbiger Ausführung; vorwiegend Rasterbildschirme. Plasmadisplays oder LC-Anzeigen spielen für Spezialzwecke eine Rolle.

Vorteile: Sichtgeräte sind das derzeit flexibelste Ausgabegerät, das das menschliche Sinnesorgan mit der größten Kanalkapazität (das Auge) anspricht.

Durch Sichtgeräte wurde es möglich, den räumlichen Wartenumfang wesentlich zu verkleinern, da nicht mehr das ganze Prozeßdiagramm auf einmal abgebildet werden muß. Man kann in stufenweiser Verfeinerung z. B. ein grobes Überblicksdiagramm mit den wichtigsten Meßwerten und Alarmen vorsehen, von dem aus beliebige Detailbilder (durch Menu) aufgerufen werden können.

Nachteile: Für schwierige Umgebungsbedingungen (Erschütterungen, Feuchtigkeit, usw.) sind Sichtgeräte zu empfindlich. Dies gilt nicht für Leitstände und Warten mit Umweltbedingungen wie in Büros.

---

[75] Derartige Konstruktionszeichnungen spielen an sich vor allem beim Entwurf (CAD) eine Rolle. Jedoch können, z. B. bei der Fehlersuche in komplexen Prozessen, abfragbare (auf aktuellem Stand befindliche) Konstruktionszeichnungen eine wesentliche Hilfe bieten.

3.2.3.5 Akustische Signalgeräte

Funktion: Akustische Signalgeräte sollen in erster Linie Aufmerksamkeit wecken. Danach ist entweder die erforderliche Handlung klar (z. B. Totmanneinrichtung muß gedrückt werden), oder man muß die weiteren Details aus optischen Anzeigen und Bildschirmausgaben entnehmen. Danach das akustische Signal abgeschaltet werden.[76]

Akustische Signale können hinweisen auf:

- *Sonderfälle*: Diese können als Alarme oder Hinweise auf wichtige Meldungen vom Prozeß ausgelöst werden.
  Oft wird bei Eingaben in Masken oder Formulare das Erreichen des Formularendes durch ein akustisches Signal gemeldet.[77]
- *Quittierungen*: Der Abschluß einer ausgelösten Aktion kann z. B. durch einen „Piepston" angezeigt werden und damit kann mitgeteilt werden, daß das System zu weiteren Aktionen bereit ist.[78] Auch ein Abschluß von Testprogrammen, z. B. nach dem Hochlaufen (auch Restart) eines Systems kann so signalisiert werden.
- *Eingabeaufforderungen*: Wenn für die Prozeßführung zu bestimmten Zeiten, oder am Beginn einer neuen Charge, bestimmte Daten eingegeben werden müssen, kann die Aufforderung dazu durch ein akustisches Signal erfolgen. Auch die Aufforderung zur Betätigung einer Totmanneinrichtung in Verkehrsmitteln erfolgt durch einen Piepston.

Mögliche Ausgabewerte: Jede Art akustischer Signale. Die Art und Auffälligkeit der Signalisierung soll dem Anlaß angepaßt sein, z. B.:

- Sirene als extremes Gefahrensignal (Feuer, militärischer Bereich).
- Hupe in Warten und Anlagen als, abschaltbares, allgemeines Gefahrensignal.
- Piepston als Sonderfall-/Fehlermeldung ohne unmittelbare Gefahr.

Eventuell können die Wirkungen durch intermittierenden Betrieb, An- und Abschwellen des Sirenentons usw. noch verstärkt werden. Man sollte aber daran denken, daß es genügt, sicher die

---

[76] Werden Alarme akustisch angekündigt, so kann zwar nach Kenntnisnahme z. B. die Hupe abgeschaltet werden. Das, z. B. rot-blinkende, Alarmsignal am Bildschirm muß nach geeigneter Untersuchung getrennt quittiert werden (vgl. Kap. 2.2.1).

[77] Das findet sich schon bei so alten MMS wie mechanischen Schreibmaschinen.

[78] Auch das fühlbare/hörbare „Knacken" bei Betätigung mancher Tastaturen stellt eine derartige Eingabebestätigung dar.

Aufmerksamkeit auf eine Gefahrensituation zu lenken; was darüber hinausgeht, lenkt ab, stört bei Überlegungen oder löst Panik aus.

Die Signalisierung muß nach Eingabefehlern der Folgenschwere des Fehlers angepaßt sein.[79]

Technische Realisierung: Z. B. Sirene, Hupe, Lautsprecher ...

Vorteile: Sichere Erregung von Aufmerksamkeit, wenn gezielt und sparsam eingesetzt.

Nachteile: Bei unkritischer Verwendung überwiegt die Störung des Arbeitsablaufes bis hin zu Kurzschlußhandlungen infolge Reizüberflutung.

3.2.3.6 Sprachausgabegeräte

Funktion: Die Sprachausgabe in synthetischer oder gespeicherter Form kann neben optischen Signalen zusätzliche Informationen bieten. Dies ist besonders dann der Fall, wenn der Gesichtssinn anderweitig beansprucht ist.[80] Dann können Informationen über weitere Arbeitsschritte, eventuelle Sonderfälle usw. in Sprachform übermittelt werden. Diese akustischen Informationen lenken nicht so ab wie die oben beschriebenen Signale und können so die anderen Sinne ergänzen.

Auch in Informationssystemen[81] hat sich in den letzten Jahren die Sprachausgabe, insbesondere für „Laienbenutzer", bewährt.

Mögliche Ausgaben: Alle möglichen Sprachsignale. Es sollen kurze Texte verwendet werden, um das Kurzzeitgedächtnis nicht zu überlasten. Ein längerer Text zwingt dazu, sich Notizen zu machen. Es wäre dann sinnvoller, diese Texte z. B. auf einem Sichtgerät auszugeben. Die Textausgabe sollte nicht als ein Block, sondern dem Arbeitsfortschritt entsprechend erfolgen.

Technische Realisierung: Sie kann durch Aufruf magnetisch gespeicherter Textbestandteile oder durch Verwendung synthetischer Sprache erfolgen.

Vorteile: Ausnützen der Kanalkapazität des Gehörsinnes ohne Ablenkung von anderen Tätigkeiten.

Nachteile: Wird Sprachausgabe falsch eingesetzt, z. B. zur Anzeige von Betriebszuständen eines Autos, so wird das „Plappern":

---

[79] Z. B. sollte ein Tippfehler in einem Textverarbeitungssystem nur durch einen leisen Piepston angezeigt werden.

[80] Z. B. bei Montage- und Prüf-Arbeiten, im medizinischen Bereich, beim Fahrzeuglenken.

[81] Z. B. Lagerabfrage, Kontenabfrage in Banken, Zeitansage, Zugauskunft, die auch über Telephon erfolgen kann.

„Sie fahren zu schnell ... Sie fahren zu schnell ... Sie fahren zu schnell ..." als Störung empfunden und global abgeschaltet. Hier wäre z. B. eine rote Signallampe sinnvoller.

3.2.4 Leitstände und Warten

In Leitständen und Warten werden die oben beschriebenen Ein-Ausgabegeräte, dem zu überwachenden Echtzeitprozeß entsprechend, so zusammengefaßt, daß sich für den Betreiber des Prozesses die beste Übersicht über den herrschenden Prozeßzustand ergibt und Aktionen leicht und sicher durchgeführt werden können.

Die Ausgestaltung hängt wesentlich vom Prozeß ab. So wird sich die Kanzel eines Flugzeuges wesentlich von einer Warte der Netzleittechnik unterscheiden. Im folgenden sollen anhand einiger Beispiele typische MMS von Echtzeitsystemen verschiedener Komplexität und mit verschiedenen Anforderungen an die Reaktionszeit des Menschen besprochen werden.

3.2.4.1 MMS eines modernen Autos

Im Kapitel 2.3.2.2 wurden als Beispiel (vgl. Tab. 6) Anforderungen an die MMS eines Autos zusammengestellt. Abb. 25 zeigt die „Warte" eines modernen Autos, das etwa der zweiten Alternative in Tab. 6 entspricht.

Entscheidend ist, wegen des zeitkritischen Verhaltens dieses komplexen Prozesses, und um schwerwiegende Bedienungsfehler zu vermeiden, die Erhöhung der Übersicht über das Verkehrsgeschehen, [82] das Fehlen optischer Ablenkungen[83] und die standardisierte Anordnung der wesentlichen Bedienelemente.[84]

3.2.4.2 MMS eines modernen Flugzeugs

Auch hier handelt es sich, wie beim vorigen Beispiel um einen zeitkritischen Prozeß, bei dem Fehlreaktionen katastrophale Wirkungen haben können. In Abb. 26 ist die Kanzel eines heutigen Verkehrsflugzeuges dargestellt.

---

[82] Vgl. die große Windschutzscheibe, die tote Winkel weitgehend vermeidet.

[83] Anordnung der wesentlichsten Instrumente im direkten Blickfeld. Alarme (z. B. fehlender Öldruck) oder Sonderzustände (Motor noch kalt) werden nur bei ihrem Auftreten in einer Meldezeile angezeigt. Diese ist im Normalbetrieb dunkel.

[84] Lenkrad, Brems-, Kupplungs- und Gashebel. Leider sind heute die weiteren Bedienungselemente noch kaum standardisiert; das gilt auch für sicherheitsrelevante Komponenten, z. B. den Öffnungsmechanismus von Sicherheitsgurten.

Abb.25. MMS eines modernen Autos
Quelle: Porsche Austria

Abb. 26. MMS eines modernen Flugzeugs
Quelle: AUA

Gegenüber dem vorigen Beispiel zeigen sich deutliche Schwerpunktsverlagerungen. Optische Sicht spielt nicht mehr die zentrale Rolle wie beim Auto; sie ist aber besonders für Start und Landung wichtig. Weite Teile des Fluges können automatisiert abgewickelt werden; bei schlechter Sicht hilft die Blindfluginstrumentierung in Zusammenarbeit mit Bodenfunkstationen bei der Navigation. Daher ist die Windschutzscheibe nicht mehr so dominant wie in Abb. 25. Andererseits sind nun eine Vielzahl von Instrumenten zur Beurteilung des Flugverlaufes und des Flugzeugzustandes notwendig. Auch hier sind die wichtigsten Anzeigen[85] zentral im Blickfeld angeordnet; das gilt auch für die wichtigsten Bedienelemente.

Gegenüber dem Auto fällt deutlich die hohe Zahl von Schaltern und Anzeigen auf. Für Flugzeuge der nächsten Generation soll durch Einsatz von Graphiksichtgeräten die Übersicht verbessert werden. Dann werden nur die wesentlichsten Werte als Graphik oder als Texte dauernd angezeigt. Andere Anzeigen werden nur beim Auftreten von Sonderzuständen und Alarmen aktiviert, und lenken dann ganz gezielt die Aufmerksamkeit auf sich. Alle weiteren Werte können auf Abfrage (über Tastatur) jederzeit ausgegeben werden.

Wegen der hohen Sicherheitsanforderungen und wegen der katastrophalen Folgen des Ausfalles des Piloten sind große Verkehrsflugzeuge mit zwei Piloten mit nahezu gleicher MMS ausgerüstet.[86]

3.2.4.3 Steuerbühne eines Walzwerks

Das Beispiel (vgl. [CHW85]) wurde deshalb ausgewählt, weil es gut eine Kombination von direkter Prozeßbeobachtung und Funktionen zentraler Warten aufweist. Die Steuerbühne ist, (vgl. Abb. 27, s. S. 75) in einem geschlossenen Raum innerhalb des Walzwerks angeordnet.

Durch große Fenster kann der Prozeßführer direkt den Walzprozeß verfolgen. Ergänzend ist (links vom Operator) ein TV-Monitor für verdeckte Prozeßteile angeordnet. Durch Zoomen können bei Bedarf Details besser aufgelöst werden. Nicht unmittelbar wahrnehmbare Kenngrößen werden auf Bildschirmen (rechts und links vom Operator) und konventionellen Meßgeräten (oberer Bildrand) angezeigt. Die Prozeßübersicht wird als Graphik und durch wichtige Kennwerte auf einem Sichtgerät (vgl. Abb. 28) dargestellt.

---

[85] Z. B. Lageanzeige, Geschwindigkeit, Flughöhe oder Treibstoffvorrat.

[86] Dies ist ähnlich dem Einsatz von Doppelrechnern als Sicherung gegen einen Rechnerausfall.

Die Graphik im oberen Teil zeigt symbolisch die Walzstraße; im unteren Teil werden als Balkendiagramme wichtige Kenngrößen dargestellt. Die Darstellung als Balkendiagramm (analoge Darstellung) kommt der schnellen Auffassung und Reaktion des Menschen sehr entgegen. Im Prozeßprotokoll und auf Anfrage können alle Werte auch, mit höherer Genauigkeit, in Zahlenform ausgegeben werden.

Die Prozeßführung erfolgt über Steuerknüppel und Tastenfelder.

Die Kombination von Blickkontakt und sonstigen Anzeigen erinnert an die in Kap. 3.2.4.2 beschriebene MMS eines Flugzeugs.

3.2.4.4 Warte der Netzleittechnik

Unter Warte wird die Gesamtheit aller Einrichtungen verstanden, die die *zentrale* Beobachtung und Bedienung eines Prozesses durch Menschen ermöglichen. Warten bieten meist keinen direkten Blickkontakt zum überwachten Prozeß; jedoch können wie im obigen Beispiel TV-Monitore eingesetzt werden. Die räumliche Trennung vom Prozeß ist entweder aus lagemäßigen Gründen[87] nötig, oder wenn es sich um einen Prozeß handelt, der im Betrieb unzugänglich ist.[88]

Das Beispiel (vgl. Abb. 24) zeigt eine Warte zur Überwachung und Steuerung eines regionalen Elektrizitätsnetzes.[89]

Die Warte verwendet eine Mischform aus Großmeldebild an der Wand und Graphiksichtgeräten.

Im Großmeldebild werden die Netzstruktur und wesentliche Schaltzustände angezeigt.

Jedoch kann die Netzstruktur als Übersichtsbild (z. B. nur die 110 kV-Ebene, vgl. Abb. 29) oder in Detailbildern (z. B. der 20 kV-Ebene, vgl. Abb. 30) auch auf den Sichtgeräten ausgegeben werden.[90]

Die Bedienung erfolgt über eine technologische Tastatur (vgl. Abb. 22) oder über Codewortbedienung in einer speziellen Kommandozeile. Meldungen und Alarme werden, nach Farben getrennt, in einem abfragbaren Meldeprotokoll (vgl. Abb. 31) eingetragen. Sie können dort auch als quittiert markiert oder gelöscht werden.

---

[87] Z. B. getrennte Warte eines Elektrizitätswerkes, das wegen Schneelage große Teile des Jahres unbesetzt arbeitet, oder zentrale Warte eines weit verteilten Elektrizitätsnetzes

[88] Z. B. kerntechnische Anlagen

[89] Vgl. [ERT85].

[90] Die Zuordnung der Graphiksichtgeräte und der Bilder ist frei wählbar. Jedes Bild kann auf jedem Sichtgerät ausgegeben werden.

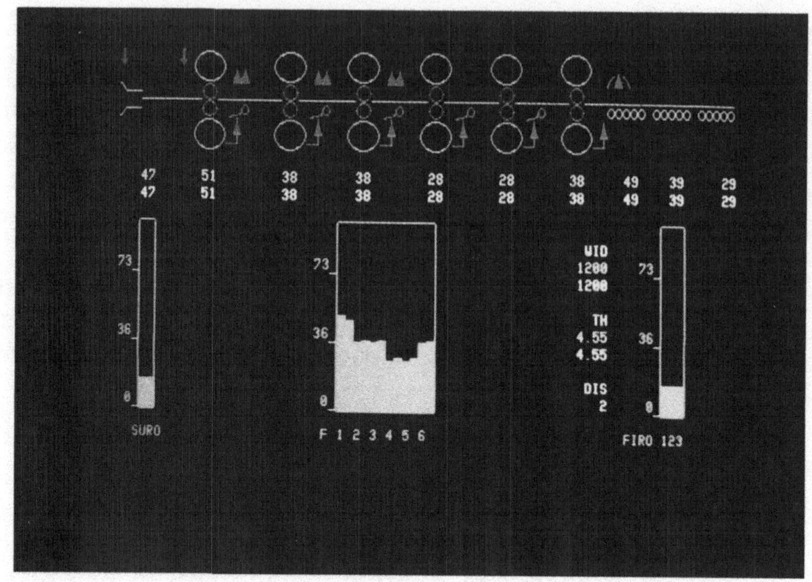

Abb. 28. Prozeßübersichtsbild eines Walzwerks
Quelle: Siemens

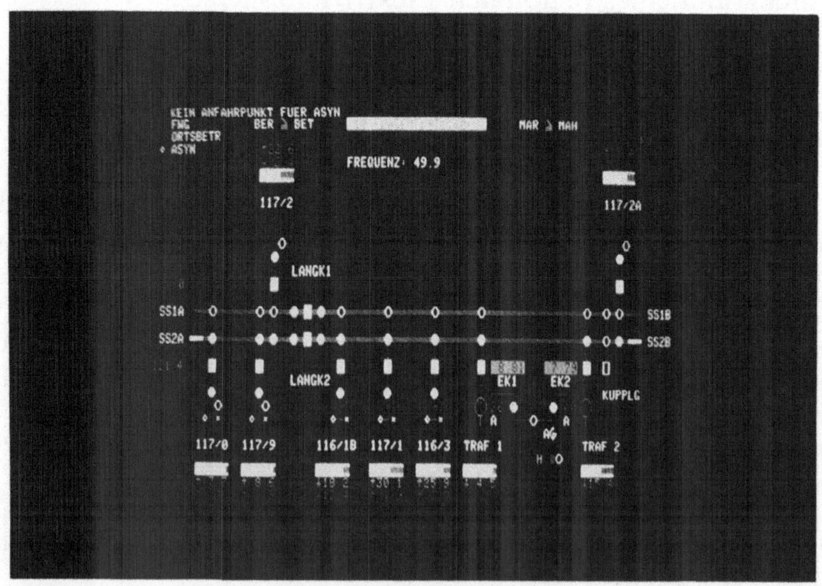

Abb. 29. Übersichtsbild Netzstruktur KELAG 110 kV
Quelle: KELAG

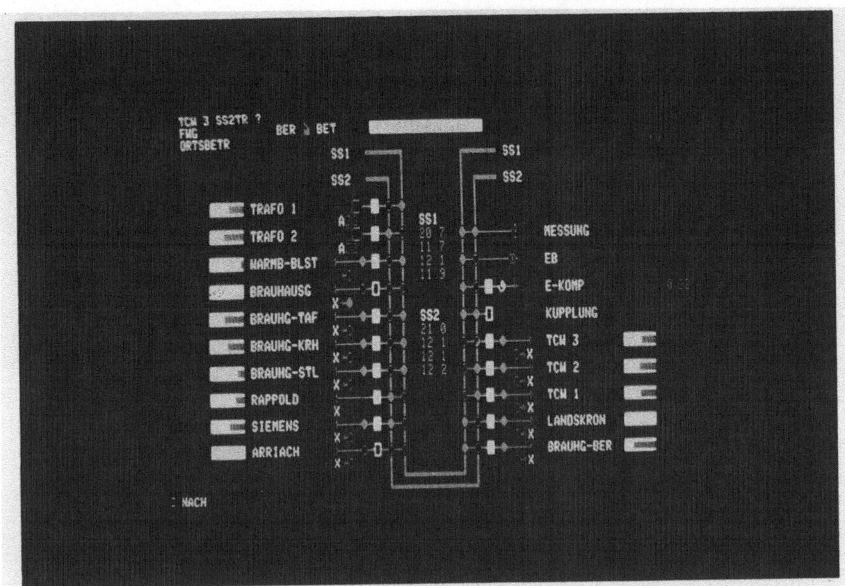

Abb. 30. Detailstruktur Mittelspannungsebene 20 kV KELAG

Abb. 31. Meldeprotokoll
Quelle: KELAG

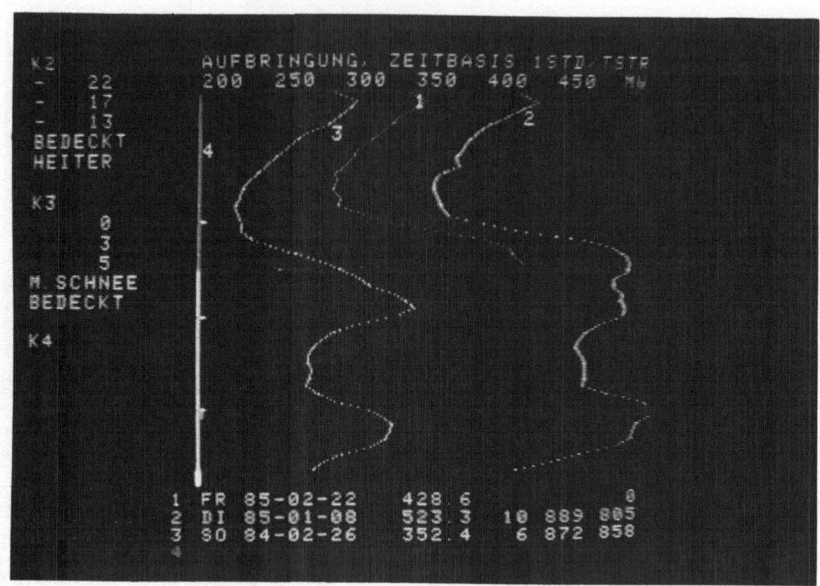

Abb. 32. Zeitverlauf wesentlicher Kennwerte
Quelle: KELAG

Jedoch hat eine Löschung keine Auswirkung auf ein intern mitgeführtes Betriebsprotokoll; sie entlastet nur die Bildschirmanzeigen.

Wesentliche Kennwerte, hier z. B. die Gesamtstromaufbringung
im Netz, können in ihrem zeitlichen Verlauf, auch zum Vergleich
mit Werten des entsprechenden Tages im Vorjahr, graphisch dargestellt werden (vgl. Abb. 32).

Viele Warten der Netzleittechnik sind ähnlich der in Abb. 24
dargestellten aufgebaut; jedoch besteht heute die Tendenz, vom
Großmeldebild an der Wand wegen der mangelnden Übersichtlichkeit und aus Kostengründen abzugehen, und mehr Graphikterminals einzusetzen.

3.3 Software

Wie allgemein in der Technik zeigt sich auch bei der MMS von
Echtzeitsystemen die Tendenz einer Ablösung von Hardware (verdrahtete Logik) durch Software (programmierte Logik). Wir sahen
dies schon in den Beispielen in Kap. 2.2.2.5 und beim Vergleich der
Bedienungstrategien von Autos in Kap. 2.3.2.2. Dieser Übergang ist
aber noch nicht beendet.

Softwarelösungen der MMS erlauben gegenüber früheren Lösungen höhere Flexibilität beim Ausbau von Prozeßsteuerungen und
bessere Anpassung an Benutzerwünsche.

Durch das Vordringen billiger Mikroprozessoren wurde es möglich, „lokale Intelligenz" bei der

– Meßdatenerfassung und bei
– Graphiksichtgeräten

zu realisieren und damit den zentralen Prozeßrechner zu entlasten. Mikroprozessoren als „Fernwirkkopf" können selbständig Aufgaben wie:

– periodische Meßwertabfrage,
– Zwischenspeicherung ein- und auslaufender Daten,
– einfache Fehlererkennung und Plausibilitätsprüfung,
– Kommunikation mit der Prozeßperipherie (Fernwirktelegramme, Übertragungsprozeduren, usw.) durchführen.

Der Prozeßrechner kann dann schon weitgehend fehlerfreie Daten weiterverarbeiten und ist von der[91] Aufnahme und Pufferung einlaufender Meldungen teilweise entlastet.

In *Graphiksichtgerät*en übernehmen Mikroprozessoren unter anderem:

– Bildwiederholung,
– Darstellung codierter Zeichen (wichtig bei Semigraphik mit häufig wechselndem Zeichencode),
– Realisierung graphischer Grundfunktionen, insbesondere für die Darstellung von Kurven und Strichgraphik.
– *Window-Technik*, bei der mehrere Bildausschnitte definiert, gegeneinander verschoben und selektiv bearbeitet werden können.[92]

Ebenso könnten spezialisierte Datenbankrechner die großen Datenmengen bei der Echtzeitverarbeitung ohne Belastung des Prozeßrechners so verwalten, daß den unterschiedlichen Anforderungen von Prozeß und MMS an die Datenhaltung entsprochen wird.

3.3.1 Betriebssystemeinbettung

Da die MMS von Echtzeitsystemen eng mit dem überwachten Prozeß verbunden ist und diese Verbindung über das Betriebssystem und technologische Anwenderprogramme realisiert wird, ist es notwendig, auf die Einbettung der MMS ins Betriebssystem einzugehen.

---

[91] Durch Interrupts die Verarbeitung störende.

[92] Diese sehr komfortable MMS wird bei der Softwareentwicklung, bei der Textverarbeitung sowie beim rechnergestützten Konstruieren (CAD) viel verwendet; kaum jedoch bei der Prozeßleittechnik. Ein Grund dafür könnte sein, daß bei der Window-Technik die gegenseitige Lage der Bildausschnitte völlig beliebig und frei verschiebbar ist. Dagegen ist es bei zeitkritischen Echtzeitsystemen wichtig, „mit einem Blick zu erkennen, was los ist". Warnsignale an definierten Stellen des Gesichtsfelds entsprechen dem besser. Es sind mir aber keine vergleichenden Untersuchungen hinsichtlich der Reaktionsfähigkeit und Fehlerhäufigkeit bekannt.

Eine mögliche Struktur eines Softwaresystems für Echtzeitanwendung[93] ist in Abb. 33 dargestellt.

Jede Kommunikation zwischen Programmbausteinen läuft über eine softwaremäßig realisierte Bus-Struktur, den sog. *Softbus*; alle Datenbestände von nicht nur lokaler Bedeutung sind in einer Datenbank gespeichert. Die Programme nutzen über einen *Datenbus* diese gemeinsam verwalteten Datenbestände. Soft-Bus und Daten-Bus bieten als Standard-Schnittstellen (Näheres folgt in Kap. 3.3.2) in normierter Weise Anschlußstellen für die verschiedenen Programmkomponenten.[94] Der Softbus und die Datenbank bauen auf den Funktionen des Kernbetriebssystems des Prozeßrechners auf und erweitern dieses um eine Schale zum technologischen Betriebssystem.

Wesentliche, immer wieder bei der Prozeßleitung auftretende Programmkomponenten sind:
- Kernbetriebssystem (rechnerspezifisch),
- Softbus,
- Datenbank,
- periphere Datenerfassung/Kommandoausgabe (rechnerspezifisch und geräteabhängig),
- MMS-System,
- Datenänderungssystem.

Dazu können, je nach Ausbaustufe, z. B. bei der Netzleittechnik, noch weitere Bausteine treten:
- Überwachungsbaustein (samt Rekonfigurations- und Wiederanlaufprogrammen bei Mehrrechnersystemen),
- Netzsicherheitsrechnung (Prüfbaustein zur vorhergehenden technologischen Prüfung vorgesehener Schalthandlungen),

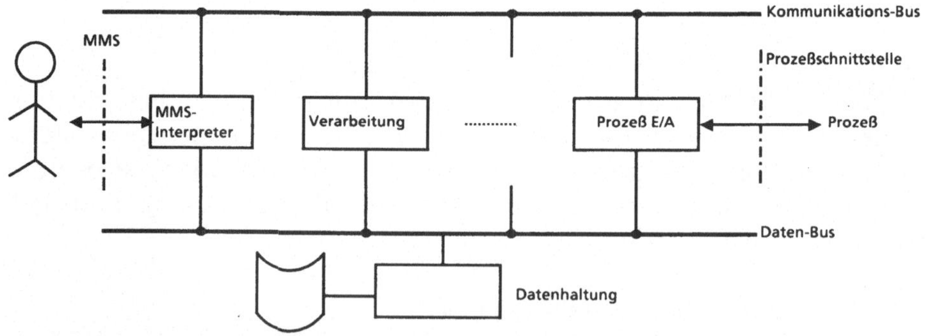

Abb. 33. Softwarestruktur eines Netzleitsystems

---

[93] Es handelt sich um das Netzleitsystem SOSYNAUT, vgl. [BER77] und [SCH80].

[94] Damit ist sowohl ein Teilausbau als auch eine Erweiterung z. B. um neue technologische Programme problemlos möglich.

- Prognose und Optimierung,
- Trainingssimulator,
- diverse technologische Anwenderprogramme.

Kernbetriebssystem und periphere Gerätetreiber werden maschinenspezifisch programmiert; die restlichen Programme können in einer höheren Programmiersprache relativ maschinenunabhängig realisiert werden.[95] Damit kann der hohe Entwicklungsaufwand bei Wechsel der Prozeßrechnerhardware wenigstens teilweise erhalten bleiben.

Wegen des hohen Entwicklungsaufwandes wird nicht für jedes Automatisierungprojekt ein völlig neues System kundenspezifisch entwickelt, sondern es wird ein Grundsystem realisiert, das dann mit Hilfe von Generatorprogrammen kundenspezifisch angepaßt wird.

Diese Anpassung betrifft insbesondere die folgenden Aspekte:

- *Inneres Prozeßmodell*: Um einlaufende Meldungen und Alarme interpretieren, in Bildern auf Sichtgeräten darstellen und Kommandos sinnvoll ausgeben zu können, muß die Struktur des zu leitenden Prozesses dem Prozeßrechner im Detail bekannt sein.
  Die detaillierte Festlegung der Prozeßstruktur bis hin zur Rangierung der Melde- und Kommandoleitungen usw. ist eine umfangreiche und wesentliche Aufgabe der Projektierung, die vom Kunden und Entwickler gemeinsam durchgeführt werden muß (vgl. Kap. 4).
  Das Prozeßmodell muß als Datenstruktur in der Datenbank abgelegt werden; es steht allen anderen Programmen zur Verfügung.
  Der erstmalige Aufbau sowie die weitere Pflege dieser Datenstrukturen ist Aufgabe des Datenänderungssystems und wird vom Daten- und Systemverwalter (vgl. Kap. 2.1.2.2) durchgeführt.
- *MMS*: Hier muß im Detail festgelegt werden, wie der Prozeßführer mit dem System Informationen austauschen soll; das betrifft insbesondere:
  - Aufbau der *Übersichts- und Detailbilder*. Das betrifft sowohl die Struktur als auch die Darstellungsweise, Beschriftung, Farbwahl, usw.

---

[95] Für SOSYNAUT (SOftwareSYstem für NetzAUTomatisierung) wurde Pascal verwendet. Der Aufwand für das Grundsystem umfaßte ca. 1000 Mann-Monate.

– Aufbau und Struktur von *Alarm- und sonstigen Meldungen.*
Das umfaßt auch die *Sprache* der Bedienung; eventuell müssen z. B. Meldetexte übersetzt werden.[96]
Festlegung der *Bedienstrategie* für das konkrete Projekt. Z. B. könnten Codewort-Bedienung, technologische Tastatur oder poke-points zur Auswahl stehen.

Die *projektspezifische Anpassung* geschieht in der Weise, daß die Projektstruktur in einer formalen Metasprache beschrieben wird. Generatorprogramme erzeugen daraus Tabellen, die das Grundsystem auswerten kann. Die prinzipielle Vorgangsweise ist in Abb. 34 dargestellt.

Wenn mit dem gleichen Grundsystem schon ähnliche Projekte realisiert wurden, braucht man nicht von Anfang an neu zu beginnen, sondern kann Bausteine, wie z. B. die Beschreibung von Schaltern, Leitungen, die Struktur von Meldungen usw. aus einer Bibliothek übernehmen, diese projektspezifisch modifizieren und einbauen.

Der Großteil dieser Datenkonstruktion erfolgt *vor* der Inbetriebnahme des Prozeßrechners; daher müssen diese Arbeiten nicht unter Echtzeitbedingungen durchgeführt werden.

Spätere Änderungen (z. B. infolge von Netzerweiterungen) müssen neben dem laufenden Prozeß durchgeführt werden, ohne ihn mehr als unbedingt nötig zu behindern.

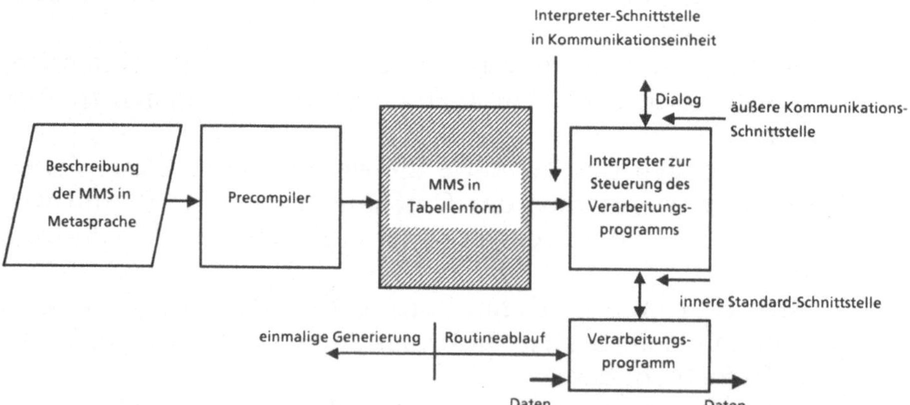

Abb. 34. Definition der MMS–Struktur mittels Generatortechnik

---

[96] Für Sprachen völlig anderen Typs wie Arabisch oder Chinesisch reichen die softwaremäßigen Möglichkeiten, z. B. wegen der Schreibrichtung u. ä., allein nicht aus; dann muß zusätzlich die Gerätehardware entsprechend modifiziert werden; vgl. [PUR85].

Ein Abstellen des Prozesses vor der Änderung mit Wiederanlauf nach Durchführung der Änderung ist nicht immer (z. B. bei der Energieversorgung) möglich. Die Änderungen/Erweiterungen dürfen aber nur in *inaktiven* Teilen erfolgen. Änderung und Verwendung von Datenstrukturen müssen im Sinn einer *critical-region* gegenseitig blockiert werden.

Eine technologiebezogene Datenstruktur hilft dabei wesentlich. Sie erlaubt eine größtmögliche Einengung dieser critical-region, und damit eine geringstmögliche Behinderung des Echtzeitprozesses, da die Reichweite von Änderungen überschaubarer ist.

Daneben können auf dieser Grundlage Datenprüfungen[97] leichter formuliert und Fehler fachspezifisch gemeldet werden.

Die Änderung wird in folgenden Schritten durchgeführt:
- Die betroffenen Anlagenteile werden gesperrt.
- Dann werden die Änderungen konstruiert, gegenüber dem bestehenden Prozeßmodell formal geprüft und eventuell korrigiert.
- Bei positivem Ergebnis werden sie ins aktuelle Prozeßmodell übernommen und anschließend
- die Sperren wieder aufgehoben.

Ab diesem Zeitpunkt ist die neue oder geänderte Komponente dem Prozeß zugänglich.[98]

Eine eventuell vorhandene Simulations-/Trainigskomponente muß analog der MMS generiert werden; sie unterscheidet sich von dieser nur dadurch, daß sie keine Kommandoausgänge zum Prozeß hat.

3.3.2 Schnittstellen

Ein komplexes System läßt sich nur über definierte Schnittstellen sinnvoll in funktionelle Teile zerlegen. Dies gilt insbesondere für Echtzeitsysteme, bei denen die einzelnen Teile zeitlich unter verschieden harten Zeitbedingungen „zusammenspielen" müssen.

Schon bei der Beschreibung der Systemstruktur im vorigen Kapitel traten zwei entscheidende *Standardschnittstellen* auf, nämlich
- der *Softbus* (als Schnittstelle zur Programmkoordination) und
- der *Datenbus* (als Schnittstelle zur Datenbank).

---

[97] Zulässigkeit allgemein und Konsistenz mit dem aktuellen Stand des inneren Prozeßmodells (z. B. Vermeiden von Kurzschlüssen im Netz, usw.).

[98] Bei größerem Umfang können die Änderungen zunächst off-line konstruiert werden. Nach gemeinsamer Prüfung werden sie dann auf einmal ins System eingebracht.

Die Festlegung von Schnittstellen innerhalb eines Systems ist
eine entscheidende Entwicklungsstufe.[99]

Hier interessieren vor allem die Schnittstellen im Zusammenhang mit der Mensch-Maschine-Kommunikation nach außen (die
eigentliche Mensch-Maschine-Schnittstelle) und nach innen zu den
verarbeitenden Programmen.

Die wesentlichen Schnittstellen in einem Echtzeitsystem kann
man als *Zwiebelschalenmodell* (vgl. Abb. 35) darstellen.

Das System besteht dabei aus folgenden Komponenten:
– Zentrale Datenbank,
– Verarbeitungsbausteine und
– Kommunikationsteil.[100]

Diese Zwiebelschalenstruktur kann aus der in Abb. 33 dargestellten Struktur durch Zusammenfassung von Prozeß-EA und MMS

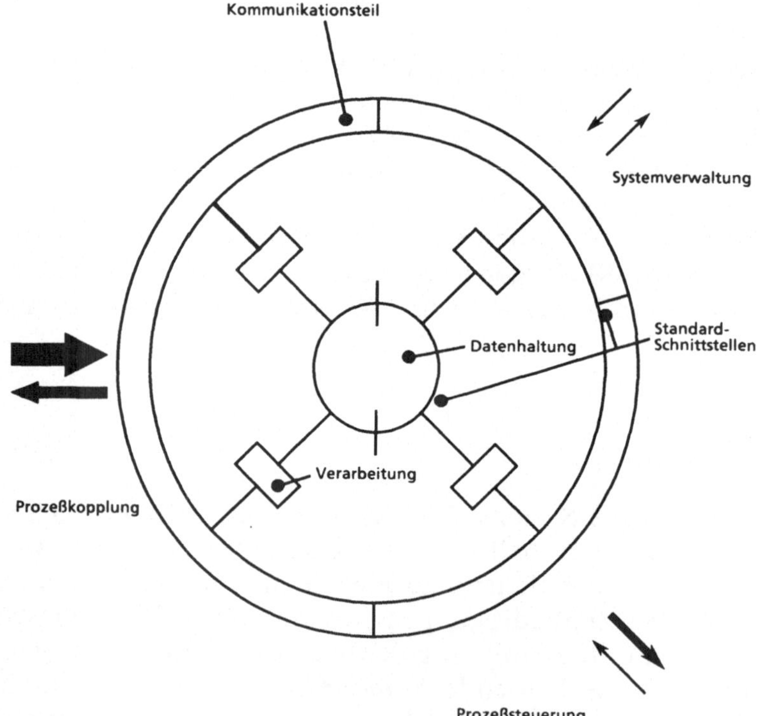

Abb. 35. Standardschnittstellen im Echtzeitsystem

---

[99] Vgl. Kap. 4.1.2.
[100] Dieser ist für die Kommunikation einerseits mit der Prozeßperipherie und andererseits mit dem Menschen verantwortlich.

zum Kommunikationsteil und Umzeichnen leicht gewonnen werden.

Wenn auch unser Thema die Echtzeit-MMS ist, scheint es doch zum besseren Verständnis sinnvoll, näher auf das Zusammenwirken dieser Komponenten und auf die an den Schnittstellen zwischen ihnen ablaufende Kommunikation einzugehen.

Wesentlich sind dazu *Standardschnittstellen.* Diese werden frühzeitig beim Systementwurf (vgl. Kap. 4.1.2) festgelegt und dienen sozusagen als „Normstecker", an die beliebige Programme angeschlossen werden können.[101]

Dies erleichtert die unabhängige *Entwicklungsdurchführung.*

Jedes Team beschäftigt sich mit einem bestimmten *Funktionsbaustein*; z. B. der Datenbank, der MMS, einem Optimierungsbaustein, usw. Da diese Komponenten über vorher festgelegte Standardschnittstellen miteinander kommunizieren, können sie voneinander unabhängig entwickelt und ausgetestet werden. Jeder Baustein sieht ja seine Umgebung nur durch die Standardschnittstellen. Daher ist es für ihn gleichgültig, ob jenseits dieser Schnittstellen das reale System oder, wie in der Testphase, nur eine einfache Testumgebung existiert.

Auf die exakte Definition dieser Standardschnittstellen muß besonders geachtet werden. Unklarheiten oder Zweideutigkeiten würden zu Fehlinterpretationen zwischen den einzelnen Funktionsbausteinen führen, die erst sehr spät (beim Integrationstest, vgl. Kap. 4.1.2.6) aufgedeckt und nur mehr schwer und unter hohen Kosten behoben werden können.

Neue Programmiersprachen, wie Ada[102] und neue PASCAL-Dialekte bieten z. B. im Konzept des *Package* formal prüfbare Beschreibungsmöglichkeiten für Standardschnittstellen an.[103]

Wir werden nun auf die wesentliche Bausteine des Zwiebelschalenmodells näher eingehen:

Die *Datenbank* im Kern muß gegenüber Datenbanken der normalen EDV relativ widersprüchliche Forderungen erfüllen:

---

[101] Solche Standardschnittstellen sind auch in integrierten Kommunikationsnetzen, vgl. [IRM85] notwendig, um weltweit ohne zusätzliche Umsetzungs- und Anpassungsmaßnahmen Daten, Texte und Telephongespräche übertragen zu können. Die Festlegung dieser „Standardschnittstellen" ist u. a. Arbeit des CCITT.

[102] Vgl. [WEG**] und [DOD80].

[103] Ein *Package* ist im wesentlichen ein Programmodul, mit dem nur über definierte Schnittstellen mit festgelegten Zugriffsfunktionen kommuniziert werden kann, und dessen Inneres sonst nicht sichtbar ist. Ähnliche Konzepte sind der „abstrakte Datentyp" oder die „Datenkapsel". Man kann in Ada sogar die Schnittstellen allein (ohne Inhalt des Moduls) übersetzen. Das ist wichtig für die getrennte Entwicklung von Komponenten, die ohne das Gesamtsystem übersetzt und getestet werden können („separate compiling").

– Sehr schnelle Kommunikation (Ein- und Ausgabe) mit dem
  Prozeß (im Bereich µsec – msec) mit sehr großen, wenig struk-
  turierten Datenmengen, bzw. über einzelne oft nur kurzfristig
  anstehende Alarmsignale.
– Weniger zeitkritische, aber stärker strukturierte Kommunikation (Ein- und Ausgabe) mit dem Menschen als Betreiber und
  Systemverwalter.

In Abb. 35 sind die ein- und ausgehenden Informationsströme
durch Pfeile unterschiedlicher Dicke angedeutet.

Die aus Datenkonsistenzgründen zentrale Datenhaltung muß daher trotz gemeinsamer Speicherung aller Daten[104] *zwei* Schnittstellen
nach außen haben, die jeweils standardisiert sind:

– Eine *schnelle Prozeßschnittstelle*, die ohne Umwege zur (Zwi-
  schen-) Speicherung führt, bzw. Daten von dort abholt.[105]
  Die Umsetzung in die zentrale Datenbank kann (oft) zeitlich
  entkoppelt mit geringerer zeitlicher Priorität erfolgen.
– Eine langsamere, flexible und strukturierte Datenbank-
  Schnittstelle, die der MMS zugeordnet ist.

Auf innere Details von Datenbanken kann hier nicht näher eingegangen werden.[106]

Softwaretechnisch kann dieser Datenbank-Kern als package realisiert werden. Durch dieses „Black-Box-Prinzip" wird das Innere
der Datenhaltung von den zugreifenden Programmen isoliert und
kann getrennt von ihnen entwickelt, bzw. verbessert werden.[107]

Der *Kommunikationsteil* sorgt für die Kommunikation nach
außen mit dem Menschen und der Prozeßperipherie. Er fängt die individuellen Unterschiede der angeschlossenen Geräte ab[108] und bietet nach *innen* wieder Standard-Schnittstellen, die für die zugreifenden Verarbeitungsprogramme verbindlich sind. Aus der Sicht der

---

[104] Diese wird mit Funktionen des zugrundeliegenden Betriebssystems durchgeführt. Die
Datenbank ist daher ein Systemteil, der relativ tiefgreifend von der verwendeten konkreten
Maschine und ihrem Betriebssystem abhängt.

[105] Die schnelle Übernahme eingehender Daten, samt dem Zeitpunkt ihres Eintreffens,
ist zur zeitlichen Auflösung der Reihenfolge von Daten und Alarmen, z. B. für die Störfallana-
lyse wichtig. Der Grad der notwendigen zeitlichen Auflösung hängt vom Zeitverhalten des
überwachten Prozesses ab.

[106] Vgl. z. B. [EGG84] und [DAT75].

[107] Z. B. könnte für erste Tests die Datenhaltung als großer strukturierter Arbeitsspeicher-
bereich realisiert werden. Später können Peripherspeicher entsprechend dem vom Prozeß vor-
gebenenen Datenvolumen eingesetzt und der Zugriff zu ihnen zeitlich optimiert werden.

[108] Z. B. die Unterschiede zwischen den Bedienungsstrategien und den verschiedenen
Realisierungen der Bediengeräte, wie technologische Tastatur oder poke-points.

Verarbeitungsprogramme, die mit der Peripherie nicht mehr direkt verkehren, handelt es sich wieder um ein package.

Periphere Prüfungen und Fehlerbehandlungen erfolgen, soweit möglich[109] im Kommunikationsteil, sodaß über die innere Schnittstelle nur (weitgehend) fehlerfreie Daten zur Verarbeitung und Speicherung weitergegeben werden.

Dies entspricht dem schon früher erwähnten Prinzip, Fehler so früh als möglich abzufangen, und zwar dort, wo noch die meiste Information zu ihrer Erkennung und Behebung vorhanden ist und nicht erst dann, wenn schon eine umfangreiche, nur schwer rückgängig zu machende Fehlverarbeitung stattfand.[110]

Der Kommunikationsteil muß die Informationen der individuellen Geräteschnittstellen in die Darstellung der inneren Standardschnittstelle umsetzen.[111] Dies kann durch Interpreterprogramme geschehen, denen die Beschreibung der Geräte- und Standardschnittstellen vom Generator in Tabellenform mitgeteilt werden.

Die *Verarbeitungsmoduln* können ihre Funktion, gestützt auf die beiden Schnittstellen zur Datenhaltungs- und Kommunikationsfunktion, erfüllen, ohne mit funktionsfremden Aufgaben wie Fehlerprüfung, Speicherung usw. belastet zu werden. Auch die Kommunikation zwischen verschiedenen Verarbeitungsmoduln erfolgt über diese beiden Standardschnittstellen.[112] Dadurch ist es leicht möglich, sie durch schnittstellenäquivalente verbesserte[113] zu ersetzen, ohne die Systemgesamtstruktur zu verletzen. Dies erhöht die Übersichtlichkeit.

Es können auch Direktverbindungen (leerer Verarbeitungsmodul) zwischen Kommunikationsteil und Datenhaltung bestehen, um Datenbestände,[114] die der Kommunikationsteil benötigt, zentral verwalten zu können.[115]

---

[109] Soweit aus dem lokalen Kontext erschließbar.

[110] „Principiis obsta, sero medicina paratur."

[111] Es muß nur die variable Information, z. B. von Bildern, im Detail übergeben werden; das Hintergrundbild kann durch seine Codenummer gekennzeichnet werden. Dies erspart besonders bei lokaler Intelligenz viel Übertragungsaufwand und verkürzt durch bessere Ausnützung der Kanalkapazität zum Sichtgerät die Reaktionszeiten des Rechners wesentlich.

[112] Ein Verarbeitungsbaustein kann durch diese Isolation von anderen Bausteinen nicht erkennen, woher die Daten und der Aufruf stammen und an wen die Ergebnisse und die Kontrolle übergeben werden. Dies hat sich auch bei Dienstprogrammen der üblichen EDV bewährt. So kann z. B. das gleiche Dateiumsetzprogramm über einen Kommunikationsbaustein menugesteuert oder von einem anderen Programm aufgerufen werden, und entsprechend die Ergebnisse abliefern.

[113] Z. B. bei der Prognose und Optimierung

[114] Z. B. Gerätebeschreibungstabellen, Meldetexte, Masken, Bilder, usw.

[115] Die hohe „lokale Intelligenz" neuerer Graphiksichtgeräte erlaubt die lokale Speicherung dieser Daten auf Festplatte. Damit können der Prozeßrechner und die Schnittstelle zum Terminal entlastet werden.

3.4 Sicherheit, Fehlerverhalten, Notbetrieb, Wiederanlauf

3.4.1 Allgemeines

Schon in Kap. 2.1.3 wurden *Zuverlässigkeit* (im Sinne eines störungsfreien Prozeßrechnerbetriebs), *Robustheit*, die Möglichkeit eines *Notbetriebs* (bei Teil- oder Totalausfall des Prozeßrechners) sowie die Möglichkeit eines definierten *Wiederanlaufs* (Restart) als wesentliche Qualitätsmerkmale genannt.[116]

Grundlage für die in diesem Kapitel beschriebenen Aufgaben ist es, Sonderfälle, Störungen, Bedienungsfehler usw. so weit wie möglich vorauszusehen, um entsprechende Gegenmaßnahmen treffen zu können.[117]

Diese „Voraussicht" kann nie vollständig sein; doch sollte man sich gerade bei oft kritischen Echtzeitsystemen nicht damit zufriedengeben, nur für den „Normalfall" zu planen und weder mit Hardware- noch mit Bedienungsfehlern zu rechnen.

Da der Aufwand dieser *Analyse potentieller Probleme* (APP) nicht unbedeutend ist, sollte die APP der Wichtigkeit des Projekts sowie der Wahrscheinlichkeit und Tragweite möglicher Fehler angemessen sein.

Die APP[118] ist eine Methode, um systematisch mögliche Fehlerquellen zu finden, und diesen durch vorbeugende und Eventual-Maßnahmen zu begegnen. Die Methode geht in folgenden Schritten vor:

- *Suche von Schwachstellen*: Anhand eines Planes wird systematisch geprüft, welche Fehler auftreten könnten.[119]
  Die Frage könnte lauten: „Wovor habe ich Angst?"
  Die erkannten Fehlermöglichkeiten werden aufgelistet und nach ihrer Wahrscheinlichkeit und Tragweite sortiert.[120]

---

[116] In Kap. 2.1.3 wurden diese Qualitätsmerkmale nur auf die MMS bezogen. Da, wie wir im vorigen Kapitel sahen, die ordnungsgemäße Funktion eines Echtzeitsystems vom Zusammenwirken *aller* Systemkomponenten abhängt, werden diese Qualitätsmerkmale hier im Zusammenhang mit dem Gesamtsystem gesehen. Kap. 4 wird zeigen, wie man diese Merkmale systematisch bei der Projektdurchführung einplanen kann.

[117] weitergehende Information findet sich z. B. in [SCH86], [GRO86], [DIL86], [DAL86] und [BEL86].

[118] Vgl. [KEP65] und [SIE80].

[119] Will man das Projekt der *Entwicklung* eines Prozeßleitsystems absichern, so kann man dessen Projektstrukturplan (vgl. [SIE85]) als Grundlage verwenden. Will man den *Betrieb* des fertigen Systems absichern, so gilt ein anderer Projektstrukturplan.
Der Projektstrukturplan erfaßt alle Tätigkeiten, die zur Durchführung eines Projektes (z. B. „Systementwicklung" oder „Betrieb") notwendig sind, in systematischer Weise.

[120] Das ist notwendig, damit die immer begrenzten Mittel zur Behandlung der kritischesten Fehlerquellen eingesetzt werden. Die verbleibenden Fehlerquellen muß man unter den gegebenen Randbedingungen als bekanntes Risiko in Kauf nehmen.

– Entwicklung *vorbeugender Maßnahmen*:[121] Man prüft aus obiger Liste jeden möglichen Fehler und versucht, seine Ursachen zu finden. Anschließend plant man für jede erkannte Fehlerursache Gegenmaßnahmen.

Ein Beispiel: Der Fehler sei „Unfall durch Schleudern eines Autos". Mögliche Ursachen sind: Bedienungsfehler (z. B. Bremsen in Glatteiskurve), schlechte Straßenlage des Fahrzeugs, glatte Fahrbahnoberfläche (Öl oder Glatteis), usw.

Vorbeugende Maßnahmen zur Ausschaltung dieser Ursachen wären:

Gegen Bedienungsfehler: Verbesserte Schulung, z. B. „Schleuderkurs" oder als technische Maßnahme ein „Antiblockiersystem", das Bedienungsfehler weitgehend unschädlich macht.

Gegen schlechte Straßenlage des Fahrzeugs: technische Maßnahmen, wie Verbesserung der Lenkgeometrie oder ein Antiblockiersystem.[122]

Gegen glatte Fahrbahnoberfläche: Entfernen des Ölflecks, Warnung vor Glatteis.

– Entwicklung von *Eventualmaßnahmen*:[123] Anschließend an die Entwicklung der vorbeugenden Maßnahmen überlegt man Maßnahmen, die dann in Kraft treten, wenn ein Fehler trotzdem auftritt, z. B. weil nicht alle möglichen Ursachen erkannt und abgefangen werden konnten. Das ist in der Praxis aus Aufwandsgründen fast immer der Fall.

Zurück zum Beispiel: Wenn trotz der obengenannten vorbeugenden Maßnahmen ein Unfall durch Schleudern auftritt, können doch Eventualmaßnahmen seine Folgen verringern; so z.B:

Leitschienen (halten das Fahrzeug auf der Fahrbahn),
Sicherheitsgurt (verringert Verletzungsgefahr),
Versicherungen (verringern die finanziellen Folgen).[124]

---

[121] Vorbeugende Maßnahmen richten sich gegen die *Ursachen* eines Fehlers und trachten, ihn durch Elimination der Fehlerursachen gar nicht erst auftreten zu lassen.

[122] Man sieht, daß eine vorbeugende Maßnahme, hier das Antiblockiersystem, auch gegen mehrere Fehlerursachen wirksam sein kann.

[123] Eventualmaßnahmen richten sich gegen *Fehlerfolgen*. Sie können, im Gegensatz zu den vorbeugenden Maßnahmen, das Auftreten von Fehlern nicht verhindern, wohl aber die Fehlerfolgen mildern.

[124] Der Sicherheitsgurt ist ein ganz typischer Fall der Verwechslung zwischen vorbeugenden und Eventualmaßnahmen. Er verhindert keine Unfälle („aktive Sicherheit") sondern verringert die Unfallsfolgen („passive Sicherheit"); ähnliches gilt für Lebensversicherungen, usw.

Man erkennt, daß vorbeugende und Eventual-Maßnahmen ganz verschiedene Verantwortungsbereiche, hier den Fahrzeuglenker, den Konstrukteur und den Straßenerhalter, betreffen.[125]

Im Sinne der APP sind bezüglich des ordnungsgemäßen Betriebs eines Echtzeitsystemes die Zuverlässigkeit und Robustheit eher den vorbeugenden Maßnahmen zuzuordnen, während der Notbetrieb und der Wiederanlauf den Eventualmaßnahmen zugeordnet werden müssen.

In den beiden ersten Fällen wird ja das Auftreten von Fehlern, die den Betrieb stören, verhindert; in den beiden letzten Fällen wird durch Notbetrieb der Schaden sachlich, durch Wiederanlauf zeitlich begrenzt.

3.4.2 Zuverlässigkeit

Zuverlässigkeit wird hier als das dem Pflichtenheft entsprechende einwandfreie Funktionieren des aus Hardware und Software bestehenden Gesamtsystems verstanden.

Die Zuverlässigkeit kann durch zwei prinzipielle Fehlerursachen beeinträchtigt werden:
- Hardwarefehler,
- Entwurfs- und Softwarefehler

Hardwarefehler treten auch in einem fehlerfrei realisierten System durch Abnützung, Alterung usw. unvermeidlich auf. Dagegen sind *Entwurfs- und Softwarefehler* von Anfang an in einem System vorhanden. Software nützt sich nicht ab.[126]

Hardwarefehler können weitgehend durch *Redundanz* abgefangen werden. D.h., es werden zusätzliche Bauteile, Geräte usw. so eingesetzt, daß das System bei Ausfall einer Komponente einwandfrei weiterfunktioniert. Dabei muß das Auftreten des Fehlers aber dem Betreiber signalisiert werden,[127] damit er die Reparatur veranlassen

---

[125] Dies gilt fast immer für komplexe Echtzeitsysteme; es ist daher nicht leicht, die als notwendig erkannten vorbeugenden Maßnahmen durchzusetzen; insbesondere, da sie letztlich Geld kosten und, wenn sie gut geplant wurden, „ja nie etwas passiert"! Dagegen zeigen Eventualmaßnahmen oft spektakuläre Wirkungen. Man vergißt aber dabei, daß hier immer ein Restschaden bleibt; eine Eventualmaßnahme also immer unwirksamer ist als eine vorbeugende. (Vgl. den Spruch „Vorbeugen ist besser als Heilen!")

[126] Davon sind Fehler zu unterscheiden, die infolge von Änderungs- und Korrekturarbeiten in ein Softwaresystem (unabsichtlich) eingebaut werden und die die Übersichtlichkeit und Wartbarkeit im Lauf der Zeit bis zur Unbrauchbarkeit verschlechtern.

[127] Z. B. kann man die volle Funktion eines Doppelrechnersystems auf jedem der angeschlossenen Sichtgeräte dadurch signalisieren, daß jeder der Rechner für 1 sec ein Feld helltastet, bzw. dunkel läßt, wobei die beiden Rechner ihre Signale um 1 sec zeitversetzt ausgeben. Arbeiten beide Rechner, dann leuchtet das Feld stetig; ist einer ausgefallen, dann blinkt das Feld.

kann; anderenfalls könnte ein weiterer Fehler, wegen der nun fehlenden Redundanz, zum Systemzusammenbruch führen.

Typisch sind in Prozeßleitsystemen Doppelrechner; in besonders kritischen Anwendungsfällen (z. B. Raumfahrzeuge) wurden bis zu 5 Rechner verwendet.

Manche Teile der MMS können nicht verdoppelt werden, z. B. ein Großmeldebild. Dann muß man dieses so sicher ausführen, daß Fehler sehr unwahrscheinlich werden oder diese, bevor sie sich auswirken, bei Routineüberprüfungen erkannt werden;[128] bzw. wird man eine Notbedienung vorsehen.

Graphiksichtgeräte sind meist mehrfach vorhanden (redundant), da in großen Warten meist mehrere Arbeitsplätze geplant sind. Wie schon oben erwähnt, kann man (z. B. im SOSYNAUT-System) jedes Bild jedem beliebigen Graphiksichtgerät zuordnen; das gleiche gilt für die alphanumerischen Sichtgeräte untereinander. Bei Ausfall eines Sichtgerätes kann dann die Arbeit uneingeschränkt weitergeführt werden.

Näheres über sichere Prozeßrechnersysteme ist z. B. in [KAP79], [SCH86] und [GRO86] zu finden.

 – *Entwurfs- und Softwarefehler* können nur durch sorgfältiges Vorgehen bei der Projektdurchführung (vgl. Kap. 4) verhindert werden; nicht aber durch Redundanz.[129]
 Eine sorgfältige und übersichtliche Projektabwicklung führt zu einem Produkt, das auch spätere Änderungen und Erweiterungen erleichtert.

3.4.3 Robustheit

Die MMS soll (vgl. Kap. 2.1.3.2) Bedienungsfehler – ohne Systemgefährdung – tolerieren, und wenn das nicht möglich ist, nur Fehlreaktionen in einem „vernünftigen" Verhältnis zum auslösenden Fehler zeigen.[130] D.h. Bedienungsfehler müssen so früh als

---

[128] Z. B. durch fallweise „Lampenprüfung".

[129] Eine Auswertung wird nicht richtiger, wenn man zweimal das gleiche fehlerhafte Programm ausführt. Eine Ausnahme ist die Vorgangsweise, daß man nach der gleichen Spezifikation von verschiedenen Teams zweimal die gleiche Aufgabe lösen und die beiden Programme auf verschiedenen Rechnern ablaufen läßt. Dies wurde z. B. bei den amerikanischen Raumfähren durchgeführt, wobei 4 Rechner das gleiche und 1 Rechner ein funktional äquivalentes, jedoch anders realisiertes Programm abwickelten. Diese Methode sichert aber nur gegen Programmierfehler im engeren Sinn, nicht aber gegen frühe Entwurfsfehler; z. B. wenn Anwender und Entwickler das Pflichtenheft verschieden deuten, oder dieses schon Fehler enthält.

[130] So sollten z. B. aus einem zusätzlichen Blank zwischen Parametern oder aus der Verwechslung von Separatoren, z. B. „." statt „," keine schwerwiegenden Folgen (eventuell nur Warnungen) entstehen. Vgl. hier das robuste Verhalten eines untersteuernden Autos, das gewisse Lenkfehler toleriert.

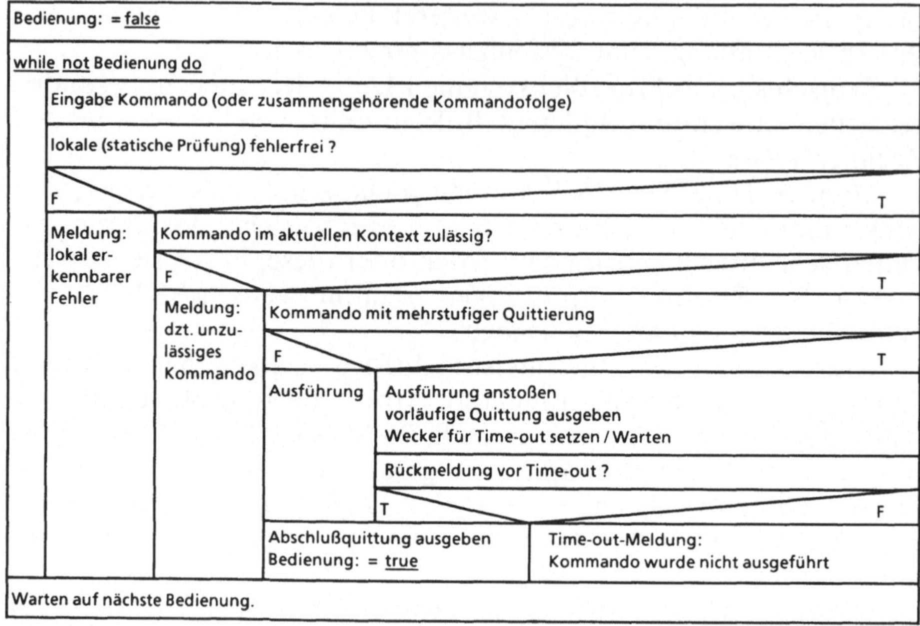

Abb. 36. Schrittweise Prüfung von Eingabedaten

möglich abgefangen werden, bevor sie eine fehlerhafte Verarbeitung auslösen.

Hier hilft die in Abb. 35 dargestellte funktionelle Modularität, die Verarbeitung, Datenhaltung und Kommunikation mit der Umwelt sauber trennt. Der Mensch verkehrt als Betreiber oder Systemverwalter nur mit der *äußeren Schnittstelle* des Kommunikationsteils.

Im Kommunikationsteil werden[131] alle Eingaben angenommen und geprüft (vgl. Abb. 36).

Die Prüfung erfolgt zunächst lokal (z. B. auf syntaktische Richtigkeit) und dann semantisch *im Kontext des aktuellen Datenbestandes*, der die Prozeßsituation widerspiegelt. So kann z. B. das Betätigen eines Schalters einmal zulässig sein, ein anderes Mal (in einem anderen Netzzustand) muß es wegen Kurzschlußgefahr abgewiesen werden.

Aus Gründen der schnellen Reaktion auf Eingabefehler wird die Prüfung mit zunächst lokalen Prüfroutinen und Tabellen durchgeführt, die beim Aufruf eines Bildes (oder einer Textmaske) einmalig aus der Datenhaltung übertragen werden. Bei intelligenten Sichtge-

---

[131] Tabellengesteuert, vgl. Abb. 34.

räten kann diese Prüfsoftware an diese Geräte ausgelagert und damit die Datenübertragung zwischen Rechner und Sichtgerät entlastet werden. Die Prüfsoftware kann aber auch im Zentralrechner Teil des Kommunikationsmoduls sein.

Die anschließende semantische Prüfung erfordert wegen der Bezugnahme auf den aktuellen Prozeßzustand Zugriffe zur zentralen Datenhaltung und kann daher nicht vollständig ausgelagert werden.

Erst fehlerfreie Eingaben werden[132] über die innere Kommunikationsschnittstelle zur Speicherung und weiteren Verarbeitung übergeben.[133]

Durch die Bezugnahme auf den aktuellen Prozeßzustand können nicht nur Fehler erkannt werden, sondern es können dem Betreiber Hilfen geboten werden, die vorbeugend einen Teil der möglichen Fehler verhindern:

– Vorgeben nur der aktuell möglichen Eingaben,
– Anbieten von Standard- (default-) Werten und
– Vorschlag von Korrekturen nach erkannten Fehlern.

Bei Menusteuerung[134] könnten dem Betreiber nur jene Alternativen angezeigt werden, die zu diesem Zeitpunkt erlaubt sind. Verbotene Alternativen scheinen im Menu nicht auf und können daher auch nicht irrtümlich angesteuert werden.[135]

Bei vielen Kommandos bleibt ein Teil der Parameter über längere Kommandofolgen hinweg konstant. Dann können diese Parameter vom System vorbelegt werden, wobei der Betreiber sie fallweise überschreiben kann. Diese Vorbelegungen vereinfachen die Bedienung und verringern Flüchtigkeitsfehler.

Verwandt damit sind automatische Korrekturvorschläge nach erkannten Fehlern. In vielen Fällen kann[136] die „richtige" Eingabe weitgehend vorausgesagt werden.[137] Der Betreiber kann den

---

[132] Eventuell nach Komprimierung zu „Nettodaten".

[133] Man vergleiche damit die nicht mehr dem Stand der Technik entsprechende Methode, die Dateneingabe so in die Verarbeitung zu „integrieren", daß Eingabebefehle immer erst dann aufgerufen werden, wenn gerade ein neues Datum gebraucht wird. Durch die verzahnte Eingabe und Verarbeitung von Daten werden Datenbestände schrittweise verändert; im Fehlerfall sind diese Veränderungen kaum mehr zu überblicken und rückgängig zu machen. Die Folgen sind oft schwerwiegend, verglichen mit einer einfachen interaktiven Korrektur z. B. während der syntaktischen Prüfung.

[134] In Textmasken oder als poke-point realisiert.

[135] Dies ist ein wesentlicher Unterschied zwischen einer durch reale Tasten oder poke-points realisierten technologischen Tastatur. Im Fall mechanischer Tasten können verbotene Bedienungen nicht verhindert, sondern erst nachträglich abgefangen werden.

[136] Insbesondere bei der syntaktischen Prüfung.

[137] Z. B. verwechselte Separatoren, überschüssige Blanks, usw.

Vorschlag prüfen, durch einfache Quittierung ratifizieren, oder überschreiben.[138]

Eine automatische Korrektur mit Ausführung darf wegen möglicher Fehldeutungen, und weil damit die Verantwortung des Betreibers verwischt würde, nicht durchgeführt werden.

Zusammengefaßt erfüllt der Kommunikationsmodul folgende Aufgaben:

- Neutralisieren der verschiedenen Bediengeräte,
- syntaktische und semantische Prüfung und
- Weitergabe der „Nettodaten" an Verarbeitung und Datenhaltung.

3.4.4 Notbetrieb

Im Notbetrieb sollen die *wesentlichsten Systemfunktionen* nach dem Auftreten von Störungen aufrechterhalten werden.[139] Ein Notbetrieb kann folgende Form haben:

- koordinierte Abschaltung der gestörten Funktionsebene mit Rückschritt auf eine ungestörte niedrigere Ebene,
- notdürftiges Weiterbetreiben des Prozesses mit eingeschränktem Funktionsumfang oder mit eingeschränkter Leistung.[140]
- Durchführung der Strategie „in die sichere Stellung fallen" wie es in der Eisenbahnsignaltechik gefordert wird.[141]

Der Notbetrieb eines Systems ist klar vom Betrieb beim Auftreten von Alarmen zu unterscheiden. Im ersten Fall liegen Störungen in der Steuerung des Prozesses (Leitrechner, Übertragungsstrecken, usw.) vor, im anderen Fall treten Sonderzustände im überwachten Prozeß, bei voll funktionsfähiger Steuerung auf. Störungen, die zu einem Notbetrieb führen können, sind z. B.:

- *Ausfall eines Rechners in einem Mehrrechnersystem.* Wenn Redundanz im Sinne eines Synchronbetriebes der Rechner vor-

---

[138] Dies ist dann erforderlich, wenn der Korrekturvorschlag ungültig war. Z. B. kann ein überschüssiges Blank auch dadurch entstehen, daß der zwischen beiden Blanks stehende Parameter vergessen wurde. Zur Fehlerkorrektur existiert umfangreiche Literatur, vor allem auf dem Gebiet des Compilerbaus.

[139] Da der Notbetrieb Störungsfolgen minimisiert, handelt es sich um typische Eventualmaßnahmen.

[140] Fail-soft.

[141] Dort wird ein Blockieren des Zugsverkehrs eher toleriert als die Gefahr eines Unfalles.

[142] Taktsynchron, wenn die Rechner bis zur Ebene der Mikrobefehle parallel laufen; funktionssynchron, wenn die Rechner, ev. mit eigener Plattenperipherie, frei laufen, und nur nach Abschluß einer Funktion (z. B. vor Befehlsausgabe an die Peripherie) synchronisiert werden.

liegt,[142] läuft der Prozeß ungestört weiter; es liegt *kein Notbetrieb* vor.[143]

Liegt eine Funktionstrennung im Sinne eines stand-by-Betriebes vor,[144] so ist während der (mehr oder weniger langen) Umschaltzeit keine aktive Verbindung zum Prozeß möglich. Dies ist nicht bei allen Prozessen zulässig.

– Treten möglicherweise *dynamische Überlastungen* des Leitrechners auf,[145] so können Verfahren des *fail-soft* als Notmaßnahme angewendet werden. Dabei werden Programmteile mit geringerer Priorität, die eventuell den Rechner stark belasten, vorübergehend stillgelegt.[146] D. h. die Funktionsvielfalt wird durch sukzessives Abschalten nicht unbedingt nötiger Funktionen bei steigender Belastung immer mehr eingeengt.

Redundanz kann auch durch Parallelbetrieb technisch völlig verschiedener Elemente realisiert werden.

So können z. B. im Notfall mechanische Seilzüge bei Ausfall der Hydraulik zur Flugzeugsteuerung verwendet werden. Wegen der geringeren möglichen Betätigungskräfte ergibt sich aber ein schlechteres Steuerungsverhalten. Das gleiche gilt beim Ausfall von Lenk- und Bremskraftverstärkern im Auto.

In manchen Fällen können die unterdrückten Verarbeitungen nach Wegfall der Spitzenbelastung nachgeholt werden; in anderen Fällen stehen dazu die Daten nicht mehr zur Verfügung. Dann müssen diese Verarbeitungen neu gestartet werden. Der Betreiber sollte über die MMS eine Möglichkeit haben,[147] festzustellen, ob von ihm angestoßene Kommandos oder Verarbeitungen abgebrochen wurden, damit er sie eventuell neu eingeben kann.

Im Extremfall muß zur *Handsteuerung* übergegangen werden.

---

[143] Die Reparatur des defekten Rechners muß möglichst schnell erfolgen, da ein weiterer Fehler wegen der nun fehlenden Redundanz nicht mehr abgefangen werden kann.

[144] Hot-stand-by liegt vor, wenn der aktive Rechner allein die Prozeßführung durchführt und der andere Rechner zwar mit allen Eingabedaten aus Prozeß und MMS versorgt wird, aber keine Kommandos ausgibt. Bei Ausfall des Leitrechners erhält er von der Überwachungseinheit durch einfaches Umschalten der Ausgabe die Kontrolle.
Die Überwachungseinheit prüft anhand von z. B. periodischen Signalen oder über Zeitüberwachung die Funktionsfähigkeit der zu einem System zusammengeschlossenen Leitrechner. Im Fehlerfall veranlaßt sie die Trennung vom Prozeß, die Stillegung des gestörten Rechners und die Übergabe der Kontrolle auf den oder die stand-by-Rechner.
Cold-stand-by liegt vor, wenn der stand-by-Rechner entweder stillsteht oder mit einer Hintergrundaufgabe (z. B. Programmentwicklung) beschäftigt ist. Dann ist bei Ausfall des Leitrechners vor der Übernahme der Kontrolle Laden und Nachführen der Daten notwendig.

[145] Z. B. wenn bei Großstörungen im Prozeß wesentlich mehr Alarme (die jeweils Interrupts verursachen) verarbeitet werden müssen als beim Systementwurf vorausgesehen wurde.

[146] Z. B. neben dem Prozeß ablaufende Übersetzungen, Datenpflege, Trainingssimulation, statistische Auswertungen, Optimierungen, usw.

[147] Statusabfrage, vgl. 2.1.3.2.

Diese kann, wenn der Rechner noch soviel Kapazität hat, zentral mit den Mitteln der MMS erfolgen; anderenfalls muß auf lokale Steuerung (und Meßwerterfassung) am Prozeß selbst zurückgegriffen werden.[148] Dies ist auch bei Ausfall der Verbindungen zur Prozeßperipherie nötig.[149]

Wie obige Beispiele zeigen, muß im Notbetrieb oft auf eine niedrigere Abstraktionsebene zurückgegriffen werden, z. B. vom vollautomatischen auf Handbetrieb.[150] Eine Verarbeitungshierarchie kann durch Dezentralisierung einen Notbetrieb erleichtern.

Dies soll am Beispiel der Struktur eines Verkehrsleitsystem (vgl. Abb. 37) gezeigt werden.

Die unterste Ebene stellen die Verkehrsampeln dar, die allein nur gelb blinken können. Mit einer lokalen Steuerung können sie in einem fixiertem Standardablauf eine sichere, aber nicht flexible Verkehrssteuerung durchführen. Mit einem regionalem Steuergerät ist zusätzlich die Koordinierung starr festgelegter grüner Wellen möglich. Ein übergeordneter Leitrechner sorgt für Meßwertverarbeitung und daraus abgeleitet für Signalplanauswahl, sanfte Synchronisierung, sowie lokal wirksame kurzfristige Anpassungen.[151]

Fallen nun der Reihe nach der Leitrechner, die regionale und später die lokale Steuerung aus, so ergibt sich jeweils ein Notbetrieb mit immer eingegrenzterer Funktionsvielfalt.[152]

Ein ähnlicher Rückschritt als Folge eines Notbetriebes ist am dynamischen System *Mensch* im Falle degenerativer Gehirnerkrankungen feststellbar. Wenn infolge von Abbauprozessen oder als Folge von Verletzungen höhere Funktionen nicht mehr ablaufen können, tritt ein Rückfall auf bisher (durch die höheren Funktionen) blokkierte einfachere, genetisch viel ältere Funktionen auf. Auch die dynamischen Systeme Atmung und Herztätigkeit weisen Fähigkeiten zum Notbetrieb, bei Ausfall höherer Zentren auf, vgl. [POP77] und [RIS70].

Die MMS unterscheidet sich beim hierarchischen Konzept des Beispiels, je nach Eingriffsebene, wesentlich.

---

[148] Die Koordinierung mit der Warte kann z. B. über Funksprechgeräte notdürftig aufrechterhalten werden.

[149] Vgl. Kap. 2.2.2.4.

[150] Vgl. Kap. 2.2.2.

[151] Z. B. um viele wartende Linksabbieger kurzfristig bevorzugen zu können.

[152] Dabei wird vorausgesetzt, daß die Komponenten, die die höheren komplexeren Funktionen realisieren, auch die fehleranfälligeren sind. Fallen aber, bei funktionierender Zentrale, regionale Steuerungen aus, so bleibt durch die Baumstruktur der gestörte Bereich begrenzt. Durch die funktionelle Hierarchie ist auch im gestörten Bereich eventuell noch ein Notbetrieb möglich.

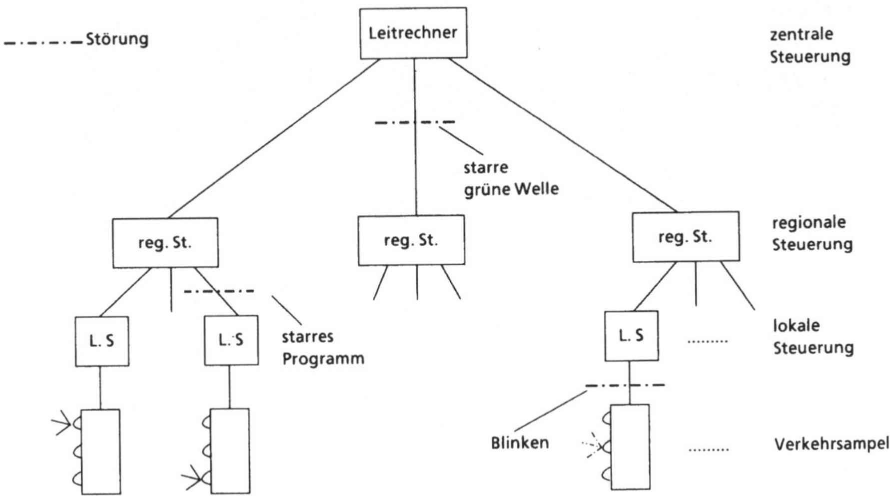

Abb. 37. Notbetrieb in hierarchischem Rechnersystem

Auf der höchsten Ebene (Leitrechner) stehen alle Meldebilder und Eingabemöglichkeiten voll zur Verfügung. Bei Ausfall des Leitrechners können z. B. auf dem Hilfsbedienfeld der regionalen Steuerung gewisse Steuerdaten eingegeben und verändert werden. Dies erfolgt aber mit geringem Komfort, z. B. numerisch und ohne Prüfungen. Bei Ausfall auch der regionalen Steuerung kann die Signalanlage z. B. mit einem Taster von Zustand zu Zustand weitergeschaltet werden.

Um einen meist plötzlich erforderlichen Notbetrieb schnell einleiten zu können, ist ein entsprechendes „Katastrophentraining", z. B. mit Hilfe eines Simulators, erforderlich.[153] Dazu müssen von vorneherein Festlegungen getroffen werden, wie:

- Wer, oder Was löst den Notbetrieb aus,
- Wer führt die Notmaßnahmen durch und
- Wann wird der Notbetrieb beendet.[154]

Zu einem Notbetrieb gehört auch das *verantwortliche* Übergehen von Sperren durch den Betreiber, das begrenzte Schäden bewußt in Kauf nimmt, um größere zu vermeiden.[155] Derartige Maßnahmen müssen im Betriebsprotokoll (nicht löschbar) aufgezeichnet werden.

---

[153] Vgl. Kap. 2.2.2.4.
[154] Das betrifft auch einen Wiederanlauf, vgl. Kap. 3.4.5.
[155] So kann es durchaus sinnvoll sein, einen Kurzschluß herbeizuführen, um einen in den Stromkreis geratenen Menschen zu befreien.

3.4.5 Wiederanlauf

3.4.5.1 Allgemeines

Der Wiederanlauf soll nach einem Teil- oder Totalausfall des Systems einen Zustand herstellen, von dem aus wieder eine einwandfreie Prozeßleitung möglich ist. Je nach Umfang und Dauer der Störung ergeben sich für den Wiederanlauf verschiedene Voraussetzungen; man unterscheidet:
- Kalt-Wiederanlauf (cold-restart) und
- Warm-Wiederanlauf (warm-restart).

Es wird hier nur die prinzipielle Vorgangsweise kurz angesprochen, soweit sie Einfluß auf die Gestaltung der MMS hat. Für nähere Information wird auf die Literatur[156] verwiesen.

3.4.5.2 Kalt-Wiederanlauf

Der *Kalt-Wiederanlauf* wird nach Totalausfall und länger[157] dauernden Störungen angewendet. Da nicht mehr vorausgesetzt werden kann, daß der aktuelle Zustand des inneren Prozeßmodells dem Prozeßzustand entspricht, muß wie bei der Erstinbetriebnahme vorgegangen werden:
- Durch manuellen Eingriff oder ein äußeres Zeitsignal wird das Urladen des Leitrechners ausgelöst; anschließend werden zunächst die Programme für den Leitrechner geladen; es folgt bei dezentraler Verarbeitung das Laden der Programme für die dezentralen Vorrechner (down-loading).
- Anschließend werden der Anfangszustand des inneren Prozeßmodells, die Tabellen der MMS usw. zentral und dezentral aufgebaut.
- Eine *Generalabfrage* aller Stellungs- und Meßwertgeber stellt die Verbindung zum aktuellen Prozeßzustand wieder her.
- Anschließend wird der Leitbetrieb wieder aufgenommen.[158]

3.4.5.3 Warm-Wiederanlauf

Der Warm-Wiederanlauf wird bei Teilausfall[159] oder kurzem Totalausfall durchgeführt. Er geht von der Voraussetzung aus, daß der

---

[156] Z. B. [SCH86] und [GRO86].

[157] Verglichen mit der Ablaufgeschwindigkeit des überwachten Prozesses.

[158] Das kann ein Hochfahren des überwachten Prozesses sein, wenn dieser während der Störung abgestellt war. Es kann sich aber bei einem kontinuierlich im Notbetrieb gefahrenen Prozeß auch nur um die Übernahme der Kontrolle durch den Leitrechner handeln.

[159] Z. B. eines Rechners in einem Doppelrechnersystem oder Ausfall von Übertragungseinrichtungen.

im inneren Prozeßmodell festgehaltene Zustand dem aktuellen Prozeßzustand noch weitgehend entspricht.

Nach Laden des Leitrechners und der angeschlossenen Vorrechner (soweit nötig) wird das innere Prozeßmodell von einem Sicherungsspeicher eingelesen und mit den seit dem Sicherungszeitpunkt eingelaufenen Daten aus dem Betriebsprotokoll aktualisiert. Diese Daten *allein* reichen aber zum Wiederanlauf nicht aus; es müssen zusätzlich alle inzwischen aus dem Prozeß eingelangten Daten berücksichtigt werden. Im Gegensatz zur normalen EDV müssen dabei auch die Zeitpunkte und nicht nur die Reihenfolge des Eintreffens dieser Daten berücksichtigt werden.

Eine Generalabfrage bringt vor endgültiger Übernahme des Prozesses die letzten Aktualisierungen.

Im Gegensatz zum Kalt-Wiederanlauf kann davon ausgegangen werden, daß der Prozeß während der kurzen Unterbrechung weiterbetrieben werden konnte. Ein Wiederanfahren des Prozesses kann daher entfallen.[160]

3.4.5.4 Folgerungen

Grundlage für einen Wiederanlauf sind neben dem Programm und den Sicherungskopien des aktuellen inneren Prozeßmodells das Betriebsprotokoll und eventuell ein File, das den Datenverkehr vom und zum Prozeß enthält.

Für die Durchführung des Wiederanlaufes ist es wichtig, ob das Leitsystem zentralisiert oder dezentral aufgebaut ist,[161] und wie autonom im letzteren Fall die Vorrechner sind.[162] Konsequenzen für die MMS: vor dem Wiederanlauf ist die MMS bis auf die Urladetaste „tot".[163] Nach dem Laden des Systems müssen meist über eine primitve MMS einige globale Daten (z. B. Datum, Angaben zur aktuell funktionsfähigen Konfiguration, usw.) eingegeben werden. Nach dem Laden der Modelldaten und Tabellen der MMS ist diese wieder funktionsfähig. Ein konsistenter Zustand, der sinnvolle

---

[160] Nicht jeder Prozeß kann in einen definierten Zustand rückgesetzt werden, vgl. die Bemerkungen zur UNDO-Funktion.

[161] Vgl. Kap. 3.4.4.

[162] Autonome Vorrechner können auch bei einem Ausfall des zentralen Leitrechners einen Notbetrieb samt Datenerfassung durchführen; beim Wiederanlauf des Leitrechners müssen sie nur mehr synchronisiert werden und die gesammelten Daten an die zentrale Datenhaltung übergeben.

[163] Bei sehr zeitkritischen Prozessen (z. B. Flugzeug) muß nach einem Ausfall automatisch ein Wiederanlauf ausgelöst werden. Dies kann nach Fehlern, die aufgrund seltener Zeitbedingungen auftraten, den Betriebszustand schnell vorläufig wiederherstellen.

Eingriffe in den Prozeß erlaubt, ist wegen der eventuell falschen variablen Daten in den Bildern[164] erst nach beendeter Generalabfrage möglich. Dann erst kann festgestellt werden, z. B. welche Schalthandlungen neu ausgelöst werden müssen.[165]

3.5 Hilfsfunktionen (HELP), adaptive MMS

Zur Unterstützung des Betreibers gibt es mehrere technische Möglichkeiten:[166]
- rechnerunterstützte Systemdokumentation,
- HELP-Funktion und
- adaptive MMS.

Diese drei Funktionen sind nicht klar trennbar; doch weisen sie verschiedene Einsatzschwerpunkte auf.

3.5.1 Rechnerunterstützte Systemdokumentation

Ein komplexes Prozeßleitsystem erfordert zur Erhaltung der Übersicht, zur Fehlersuche, zum Training und für Wartungs- und Erweiterungsarbeiten umfangreiche Dokumentation über:
- den zu leitenden Prozeß,
- die Hardware und
- die Software.

Diese Dokumentation muß alle Aufbauunterlagen,[167] das Zusammenspiel der Komponenten, die Schnittstellen, sowie alle Eingriffsmöglichkeiten beschreiben. Auch die in Kap. 4 beschriebenen Dokumente sind Teil dieser Dokumentation.

Da sich die Systemgesamtstruktur sowie viele der Komponenten im Laufe der Lebensdauer des Systems verändern, muß durch *Konfigurations-Verwaltung* und *Versions-Verwaltung* dieser Zustand aktuell dokumentiert werden.[168] Bisher wurde diese Begleitdokumentation meist manuell auf Papier erstellt und gepflegt. Derartige „Papierberge"[169] waren kaum pflegbar, sodaß die Dokumentation fast immer hinter dem technischen Stand nachhinkte, unaktuell war und daher auch kaum verwendet wurde.

---

[164] Z. B. Schalterstellungen, Meßwerte, Zustand teilweise ausgeführter Kommandos, usw.
[165] Auch dazu ist das Betriebsprotokoll nützlich.
[166] Vgl. [MAS84] und [MET85].
[167] Z. B. Stücklisten, Verdrahtungspläne, räumliche Anordnung der Anlagenteile usw. für Montage und Inbetriebnahme.
[168] Vgl. Kap. 4.1.
[169] Im Fall eines großen Netzleitsystems z. B. 50 Ordner, bzw. ca. 60 MByte.

Mit der Verfügbarkeit großer on-line-Speicher und Datenbanksysteme seit einigen Jahren wurde es möglich, diese Dokumentation zu strukturieren und on-line am Prozeßrechner selbst verfügbar zu machen.[170]

Damit ist es möglich, die gesamte Systemdokumentation, eventuell inclusive der archivierten Betriebsprotokolle, on-line verfügbar zu halten. Die Zugriffszeit kann dabei je nach Wichtigkeit der angeforderten Unterlagen gestaffelt sein, z. B:
 - Sekunden für HELP-Funktion und wichtige Systeminformationen,
 - Minuten für allgemeine Detaildokumentation sowie das Quellprogramm usw.,
 - bis zu 20 Minuten für Archivmaterial (z. B. auf Magnetband).

Diese Dokumentation sollte bei allen Hard- und Software-Änderungen[171] *sofort* aktualisiert werden. Programme zur Datenhaltung sowie komfortable Editoren bieten dazu jede Möglichkeit.[172] Betriebsprotokolle usw. können automatisch archiviert werden.

Die rechnerunterstützte Systemdokumentation ist eher statisch und wird relativ selten verändert.

3.5.2 HELP-Funktion

Während die oben beschriebene Systemdokumentation eher Hintergrundinformation bietet, soll die HELP-Funktion die Betreiber im Routine-Betrieb unterstützen. Sie soll, vom aktuellen Systemzustand ausgehend, dem Betreiber auf Kurzanfrage[173] Informationen bieten wie:
 - aktueller Systemzustand (vgl. Kap. 2.1.3.2),
 - Erklärung von Fehlermeldungen (Umwandlung von Fehlercode in Klartext mit Angabe der Konsequenzen),
 - aktuelle Eingriffsmöglichkeiten samt den zu erwartenden Konsequenzen,

---

[170] Das Führen der Dokumentation am Prozeßrechner und nicht auf einem anderen Universalrechner hat den Grund, daß oft am Ort der Anlage der Prozeßrechner der einzige Rechner ist. Stehen daneben auch andere Rechner zur Verfügung, so ist es unwahrscheinlich, daß diese genau dem Typ des Herstellers des Prozeßleitsystems entsprechen. Wird ein „Hintergrundrechner" vorgesehen, so müßte diese Forderung schon im Lastenheft des Prozeßleitsystems gestellt werden, damit der Hersteller entsprechend vorsorgen kann.

[171] Z. B. nach Fehlerbehebungen oder Systemerweiterungen.

[172] Auch Graphik, wie z. B. Schaltbilder usw. kann so gepflegt und gemeinsam mit Texten gespeichert werden. Die dazu notwendigen Graphiksichtgeräte stehen in Prozeßleitsystemen meist zur Verfügung.

[173] Ohne dabei den Zustand irgendwie zu verändern.

- Hilfe bei der Bewertung von Alternativen („Was wäre wenn ...?")[174]

Die HELP-Funktion ist grundsätzlich eine *Hilfs*-Funktion; entscheiden muß der Betreiber selbst! Das entspricht einer saubeeren Trennung der Verantwortlichkeiten (vgl. Kap. 2.2.2).

Die HELP-Funktion bietet gegenüber Manualen folgende Vorteile:

- jeweils den aktuellen System- und Bedienungszustand zu berücksichtigen,[175]
- nur die jeweils aktuellen Eingriffsmöglichkeiten anzugeben,[176]
- schneller die benötigte Information (und nicht mehr) zu erhalten und
- nur gültige Information zu erhalten.[177]

Die *Informationsdarstellung* kann sich dem Kontext anpassen, z. B.:

- graphisch in einem Anlagenbild (wo kann was verändert werden?) oder
- als erklärender Text, bzw. eventuell
- als Sprachausgabe.

Die HELP-Funktion benötigt gegenüber der on-line-Systemdokumentation viel geringere Datenmengen. Zu diesen und zum aktuellen Systmzustand muß aber sehr schnell zugegriffen werden können.

3.5.3 Adaptive MMS

Sie ist die variabelste der genannten Unterstützungsfunktionen. Sie soll unter Berücksichtigung des vergangenen Benutzerverhaltens[178] und des aktuellen Systemzustandes diesem eine ihm angepaßte und möglichst bequeme bzw. sichere MMS-Kommunikation ermöglichen.[179]

Typische Funktionen sind:
- Verwendung der Lang- oder Kurzform von Kommandos oder Meldungen, eventuell selektiv je Kommando/Meldung,[180]

---

[174] Die Konsequenzen z. B. von Schalthandlungen oder die Bewertung von Alternativen können unter Berücksichtigung des momentanen Systemzustandes durch Simulation vorhergesagt werden. Dies bildet einen Übergang zur Optimierung.

[175] Vermeiden des Suchens in momentan irrelevanter Information.

[176] Ein Manual muß dagegen alles in irgendeinem Zusammenhang Nötige enthalten.

[177] Manuale sind oft veraltet und damit teilweise fehlerhaft.

[178] Dieses wird in einem individuellen Benutzerprofil gespeichert.

[179] Vgl. [DWY81], [MAS84], [MOR83], [NAG80] und [SHN79].

[180] Da die Benutzungshäufigkeit von Kommandos stark unterschiedlich ist und stark von der Übung des Benutzers abhängt, können z. B. die häufigsten und am besten beherrschten

- Zusammenfassen benutzertypischer Abläufe zu „Bedienmakros",
- Möglichkeit benutzerspezifischer Voreinstellungen, bzw. von default-Werten,
- Rückfragen bei typischen, eventuell schwerwiegenden Fehlern („Willst Du das wirklich . . .?")

Die adaptive MMS sieht für jeden Benutzer verschieden aus; sie ist aber an der *inneren Schnittstelle* benutzerinvariant. D.h. die adaptive MMS wird vollständig in der „Kommunikationsschale"[181] realisiert. Damit kann dem Benutzer an der MMS hohe Flexibilität geboten werden, ohne damit den Systemkern und die Verarbeitungs- und Leit-Funktionen zu belasten.

Die on-line-Systemdokumentation und die HELP-Funktion sind vom Prozeß so isoliert, daß sie nur *lesend* auf den Systemzustand zugreifen. Die adaptive MMS verändert schreibend nur die Tabellen der Benutzerprofile und eventuelle benutzerspezifische Voreinstellungen; sonst greift auch sie nur lesend auf den Systemzustand zu. Nach Verlassen einer der Hilfsfunktionen besteht der Systemzustand, wie wenn keinerlei Dialog stattgefunden hätte.[182] Die saubere Trennung zwischen den informierenden Hilfsfunktionen von den prozeßsteuernden Eingriffen des Betreibers ist wegen der klaren Verantwortungstrennung wichtig.

3.6 Tools

Tools sind Hilfswerkzeuge (vorwiegend als Software realisiert), die die
- Planung,
- Entwicklung,
- Bewertung, den
- Einsatz und die
- Pflege und Weiterentwicklung
der MMS erleichtern.

Kommandos in Kurzform verwendet werden. Bei selten verwendeten Kommandos und solchen, bei denen der Benutzer in der Vergangenheit oft Fehler machte, kann ein rechnergeführter Dialog (z. B. über Menu) angeboten werden. Zusätzlich können die Informationen der HELP-Funktion angeboten werden.

[181] Unter Verwendung der zentralen Datenbank zur Speicherung von Masken, Tabellen usw.

[182] Bei üblicher EDV ist dies exakt der Zustand vor dem Aufruf der Hilfsfunktion; bei Echtzeitsystemen kann sich durch einlaufende Meldungen, Meßwerte und Alarme der Systemzustand verändern.

Sie sind (mit Ausnahmen) im endgültigen Produkt, nämlich der MMS, wie sie der Betreiber und Datenverwalter[183] verwendet, nicht mehr sichtbar. Ihr Einsatz durch den Systementwickler erhöht die Flexibilität gerade in den frühen Planungs- und Entwicklungsphasen[184] und führt damit zu besser an die Kundenbedürfnisse angepaßten Systemen. Diese Werkzeuge erhöhen auch die Änderungsfreundlichkeit der MMS und führen zu verbessserter Produktqualität.

3.6.1 Planungshilfsmittel

Insbesondere in der Studienphase,[185] in der die Anforderungen und Leistungen der MMS, in enger Zusammenarbeit zwischen Auftraggeber und Entwickler, festgelegt werden, ist es wichtig:
- verschiedene Varianten der MMS „durchspielen" zu können,
- sie iterativ zu verbessern, und
- das Ergebnis als formal definierten und *ausführbaren* Teil des Pflichtenheftes als Grundlage für die folgenden Entwicklungsphasen festzuhalten.

Diese Technik des *rapid-prototyping* verhindert vorbeugend Mißverständnisse und Fehlentscheidungen in der Planungsphase, die später kaum mehr und oft nur unter hohen Kosten korrigierbar sind.

Außerdem werden[186] frühzeitig die späteren Betreiber der MMS in den Entwicklungsprozeß eingebunden; damit wird die spätere Akzeptanz erhöht.

Für eine realistische „Spiel-MMS" sind folgende Werkzeuge wünschenswert:
- Beschreibungswerkzeuge,
- Prüfwerkzeuge und
- Simulatoren.

3.6.1.1 Beschreibungswerkzeuge

Beschreibungswerkzeuge dienen dazu, die MMS in einer solchen Form zu beschreiben, daß diese sowohl für den Menschen als auch für einen Generator[187] verständlich ist.

---

[183] Vgl. Kap. 2.1.2.

[184] Dies ist besonders wichtig beim Ersteinsatz einer neuartigen MMS. Wenn z. B. ein System erstmalig automatisiert werden soll, liegen oft nur unscharf formulierte Wünsche hinsichtlich der Gestaltung der MMS vor. Hohe Flexibilität in dieser Phase ermöglicht das Vergleichen verschiedener Alternativen.

[185] Vgl. Kap. 4.1.2.2.

[186] Vgl. Kap. 2.4.

[187] Vgl. Kap. 3.3.1 und Abb. 34.

Sie erlauben es, die Funktion der MMS sowie alle Darstellungsdetails (Graphik- und Text-Layout) so festzulegen, daß ein Interpreter die MMS damit simulieren kann.[188]

Die Beschreibung der MMS umfaßt nicht nur die Definition *einzelner* Masken oder Bilder, sondern auch die *Steuerung* ihrer Abfolge unter Berücksichtigung der inneren Systemzustände. Dazu wird die Kommunikation über die MMS als System von Zuständen und Aktionen beschrieben; der entsprechende Graph[189] enthält die möglichen Zustandsübergänge und gibt auch die jeweils angesteuerten Detailbilder an.

Um leicht verständlich und auch später vom Anwender modifizierbar zu sein, sollte sich diese Beschreibung an die Möglichkeiten der späteren MMS anlehnen.

Ein *interaktiver Graphik-Editor* erfüllt diese Anforderungen. Notwendig sind folgende Funktionen:
- Definition von statischen Hintergrundbildern und Hintergrundtexten direkt am Bildschirm, mit dem man später arbeitet.
- Definition von Ein-Ausgabe-Variablen (Bildelemente, Texte, Zahlen, usw.) samt ihrer formalen Beschreibung (picture).
- Definition von Prüfvorschriften zur Vorprüfung von Eingaben.[190]
- Definition der Maskensteuerung. Der Systemgraph kann interaktiv aufgebaut und verändert werden, bis er der gewünschten Maskenfolge entspricht.[191]

Die Datenstrukturen, die der Graphik-Editor erzeugt, bilden die Grundlage für die Prüfung und Simulation.

3.6.1.2 Prüfwerkzeuge

Die Beschreibungsdaten der MMS müssen, soweit in dieser Entwicklungsphase erforderlich, vor der Simulation auf Vollständig-

---

[188] Später werden, nach eventueller Ergänzung, aus dieser Beschreibung durch einen Generator (vgl. Abb. 34) die Steuertabellen der endgültigen MMS erzeugt.

[189] Technisch meist als endlicher Automat realisiert

[190] Diese Funktion ist für das rapid-prototyping weniger wichtig; aber entscheidend für den späteren Einsatz.

[191] Heutige Planungssysteme erlauben dabei das Verfahren der schrittweisen Verfeinerung. Dabei wird zunächst der globale Ablauf graphisch aufgebaut, und die Schnittstelleninformationen (soweit hier schon vorhanden) der Zustandsübergänge definiert. Bei Fortschreiten der Planung können einzelne Funktionsblöcke aufgebrochen, bzw. die Schnittstelleninformationen ergänzt werden.

keit[192] und Widerspruchsfreiheit geprüft werden. Dabei können Fehler wie:
- Masken, die nie erreicht werden können,
- fehlende Folgemasken,
- Fehler bei der Variablenbeschreibung
- unvollständige oder widersprüchliche Prüfvorschriften

entdeckt und vor einer neuerlichen Prüfung interaktiv korrigiert werden. Die Prüfung erfolgt also sowohl auf Systemebene als auch innerhalb der einzelnen Detailbilder. Die verwendeten Methoden entsprechen denen von Parsern in Compilern.

3.6.1.3 Simulatoren

Die nun weitgehend fehlerfreie Beschreibung der MMS kann anschließend durch einen Simulator praktisch erprobt werden. Der Simulator interpretiert die Aktionen des Menschen, ergänzt fehlende[193] Ausgabedaten, und bietet dem Betreiber so ein realistisches Bild der späteren MMS.[194] Wenn diese Simulation auch, wegen der noch fehlenden Details, nur ein grobes Modell der späteren MMS darstellt, ermöglicht sie doch durch die *aktive Auseinandersetzung* mit der MMS einen viel besseren Einblick in Leistungsfähigkeit, Grenzen und Schwächen einer Alternative, als dies das beste Pflichtenheft vermitteln könnte.

3.6.1.4 Folgerungen

Der Zyklus Beschreibung, Prüfung und Simulation kann, eventuell mit direktem Vergleich mehrerer Alternativen,[195] solange durchlaufen werden, bis die vom Auftraggeber gewünschte MMS erreicht ist.[196] Die so erhaltene endgültige Beschreibung kann unmittelbar als formal spezifizierter und bereits auf Ausführbarkeit geprüfter Teil

---

[192] Z. B. könnte jetzt nur der „Normalfall" der Bedienung beschrieben sein; die Details der Fehler- und Sonderfallbehandlung werden erst vor der endgültigen Realisierung der ausgewählten Variante ergänzt. Für die Grobauswahl von Varianten ist der hohe Aufwand einer vollständigen Beschreibung nutzlos.

[193] Aus der noch nicht realisierten Verarbeitung stammende

[194] Für Auswertungen nach einer Testsitzung (z. B. hinsichtlich besonders fehleranfälliger Eingaben, usw.) kann ein Protokoll mitgeführt werden; vgl. Kap. 2.4.

[195] Deren Beschreibungen werden in einer Bibliothek gespeichert und nach Bedarf vom Simulator aufgerufen. Da es dabei möglich ist, den gerade erreichten Zustand jeder Alternative mitzuspeichern, können gezielte Vergleiche einzelner Funktionen leicht durchgeführt werden.

[196] Damit dieser Zyklus reibungslos abläuft, müssen die vom Editor, Prüfbaustein und Simulator verwendeten Datenstrukturen übereinstimmen; auch die Bedienung dieser Werkzeuge (deren MMS!) soll konsistent sein.

der Spezifikation verwendet werden. Sie muß aber noch um die Anforderungen hinsichtlich Fehlerbehandlung ergänzt und eventuell mehr detailliert werden. Auch hiefür ist eine gute Datenverwaltung, wie sie moderne Planungswerkzeuge bieten, wesentlich.

Diese Beschreibung kann auch die Grundlage für ein Anwender-Handbuch bilden.

Nach der Fixierung der MMS kann der Prototyp zum frühzeitigen Trainig der Bedienungsmannschaft verwendet werden. Damit kann ein Teil der Schulung von der Entwicklung des endgültigen Systems entkoppelt werden, was wertvollen Zeitgewinn ermöglicht.

3.6.2 Entwicklungswerkzeuge

Grundlage ist die in Kap. 3.3.1 beschriebene funktionale Modularisierung, die die MMS sauber von Verarbeitung und Datenhaltung trennt.

Voraussetzung dafür ist die Verwendung einer Programmiersprache und der entsprechenden Werkzeuge, wie:
- Editor,
- Compiler,
- Binder/Lader und
- Datenverwaltung,

die die Konzepte:
- package,
- separate-compiling und
- compile-time Prüfung

bieten. Damit können die funktionalen Moduln als Übersetzungseinheiten[197] voneinander getrennt entwickelt und dann problemlos zum Gesamtsystem gebunden werden.

Dies gilt z. B. für Ada, CHILL und neue Versionen von PASCAL.[198]

Das wichtigste Entwicklungswerkzeug ist aber ein zweckmäßiges „Grundsystem", aus dem durch entsprechende Parametrisierung[199] ein anwenderspezifisches Prozeßleitsystem erzeugt werden kann.

Im Gegensatz zur *Prototyp-Entwicklung* müssen nun alle Sonder- und Fehlerfälle, sowie alle im Prototyp aus Aufwandsgründen vernachlässigten Details im Detailentwurf (vgl. Kap. 4.2.1.4) ergänzt

---

[197] Nach Definition der inneren Schnittstellen, vgl. Kap. 3.3.2.
[198] Vgl. [SAM84], [DOD80], [SIE78].
[199] Diese Parametrisierung erfolgt erstmalig bei der Projektentwicklung; später kann sie teilweise vom Datenverwalter modifiziert werden.

und realisiert werden. Diese vervollständigten Daten müssen vor der Inbetriebnahme einer neuerlichen Prüfung unterzogen werden.

Der Umfang der MMS-Beschreibung nimmt durch diese Ergänzungen wesentlich zu. Doch bietet dieses schrittweise Vorgehen:
- Grobdefinition samt Funktionsprüfung und Simulation, und
- Feindefinition samt vollständiger Prüfung

eine bruchfreie Folge von Entwicklungsschritten, die viele Fehler vermeidet. Letztlich ist auch das Vertrauen des Benutzers in die endgültige Realisierung größer, da er sich schon von der Funktion in wesentlichen Fällen überzeugen konnte. Dies erleichtert den Systemtest und die Produktabnahme[200] wesentlich.

3.6.3 Bewertungswerkzeuge

Bewertungswerkzeuge helfen bei der zahlenmäßigen Bewertung und beim Vergleich verschiedener Alternativen der MMS. Ihr Einsatz ist sowohl bei einem Prototyp als auch beim fertigen Produkt möglich. Sie erfassen während einer Testsitzung oder im praktischen Betrieb bedienungsrelevante Daten, die dann einer späteren Auswertung zugeführt werden können.

Um vergleichbare Resultate zu erhalten, dürfen diese Werkzeuge den Kommunikationsablauf über die MMS nicht unzulässig beeinträchtigen. Dies betrifft insbesondere folgende Punkte:
- *Dynamische Belastung*: Das zeitliche Verhalten[201] beim Einsatz des Werkzeugs soll sich möglichst wenig vom uninstrumentierten Einsatz unterscheiden. Daher ist es sinnvoll, die gewünschten Daten während der Kommunikation an der MMS ohne weitere Verarbeitung in einem File mitzuschreiben. Die eventuell aufwendige spätere Auswertung kann dann zeitlich entkoppelt von der Kommunikation erfolgen.
- *Störung von Bildern und Textmasken*: Eventuelle Meldungen des Werkzeugs dürfen nicht vermischt mit den Meldungen oder Bildern der MMS erfolgen. Sie könnten die optische Struktur von Tabellen oder Bildern zerstören. Wenn derartige Meldungen während einer Testsitzung nötig sind, sollen sie auf ein weiteres Sichtgerät umgeleitet werden.

Typische Anwendungen sind:
- Messung der *Fehlerwahrscheinlichkeit*: Wenn für bestimmte Aufgaben die richtige Folge der Eingaben bekannt ist, kann man aus einer Reihe von Eingaben automatisch feststellen, in

---

[200] Vgl. Kap. 4.2.1.7 und 4.2.1.8.
[201] Z. B. die Reaktionszeiten.

wievielen Fällen welche typischen Fehler gemacht wurden. Man kann dies zur Bewertung von Alternativen[202] verwenden.

- Messung der *Reaktionszeit* des Menschen: Da die Reaktionszeit des Menschen[203] als wesentlichen Anteil die „Denkzeit" enthält, kann man aus der Reaktionszeit[204] auf die Verständlichkeit der (im Bild oder Text) ausgegebenen Information schließen.
- *Häufigkeit bestimmter Kommandos*: So kann man z. B. feststellen, welche der an der MMS angebotenen Kommandos tatsächlich, bzw. wie häufig genutzt werden. Diese Angaben kann man zur gezielten Weiterentwicklung der MMS verwenden.
  In manchen Fällen kann eine Aktion durch eine Folge von Einzelkommandos oder ein zusammengesetztes Kommando („Kommandomakro") ausgelöst werden. Aus der Verwendungshäufigkeit beider Alternativen kann man auf den Wissensstand der Betreiber schließen.[205]

Technische Realisierung: Die Datenerfassung erfolgt ähnlich der in interaktiven Testsystemen. Entweder wird dazu der Code *instrumentiert*[206] oder das Meßprogramm ist dauernder Bestandteil des MMS-Programmsystems, das durch einen Spezialbefehl aktiviert und deaktiviert werden kann. Die Auswertung der erfaßten Daten kann nach den verschiedensten Gesichtspunkten z. B. durch Sortier- oder Statistik-Programme erfolgen.

3.6.4 Pflegewerkzeuge

Jedes komplexe Programmsystem ist während seiner Nutzungszeit Änderungen und Erweiterungen unterworfen. Um dabei nicht die Übersicht zu verlieren, muß die Struktur der aktuellen Systemversion mit Hilfsmitteln des configuration-management[207] rechnergestützt verwaltet werden. Zu jeder Systemversion gehört eine

---

[202] Z. B. verschiedene Bedienungsstrategien, wie technologische Tastatur oder pokepoints; für die Menu-Gestaltung, usw.

[203] Vgl. Kap. 2.1.3.2.

[204] Und aus der Fehlerwahrscheinlichkeit der folgenden Eingabe.

[205] Anfänger scheuen sich vor kompliziert erscheinenden Kommandomakros, deren Wirkung sie nicht durchschauen; Geübte verwenden vorwiegend die bequemeren Kommandomakros.

[206] An bestimmten Stellen des Programmes werden Befehle so verändert, daß das Meßprogramm angesprungen wird. Nach Erfassung der Daten erfolgt der Rücksprung ins ursprüngliche Programm.

[207] vgl. Kap. 4

„Stückliste" der Moduln, aus denen sie zusammengesetzt wurde. Die Moduln ihrerseits tragen ebenfalls Versionsnummern. Nach Änderungen müssen die Versionsnummern der betroffenen Moduln und die des Gesamtsystems hochgezählt werden. Damit wird eine neue Produktivversion definiert. Die dazu notwendige, sehr fehleranfällige Verwaltungsarbeit kann nur rechnergestützt erfolgen. Auch die Dokumentation muß entsprechend ergänzt und auf die neuen Versionsnummern bezogen werden.

Die sonstigen Pflege-Werkzeuge entsprechen den Entwicklungswerkzeugen.[208]

---

[208] Vgl. Kap. 3.6.2.

4 Entwurf konkreter MMS

Die Ergebnisse der vorangegangenen Kapitel sollen (in Kap. 4.1) für den Entwurf konkreter MMS in einer Checkliste zusammengefaßt und (in Kap. 4.2) auf ein praktisches Beispiel: „Netzleittechnik" angewendet werden. Grundlage ist ein Phasenplan, vgl. [SIE85], der teilweise übernommen wird.

Die Gliederung der Kapitel 4.1 und 4.2 wird parallel geführt, um einerseits die Phasenorganisation als Checkliste verwenden zu können, und um andererseits ihre Anwendung auf ein konkretes (stark vereinfachtes) Beispiel besser verfolgen zu können.

4.1 Checkliste für MMS-Entwurf

4.1.1 Allgemeines

Der Entwurf einer Echtzeit-MMS ist im allgemeinen ein Teilprojekt[1] innerhalb eines größeren Automatisierungprojekts. Wegen der großen Bedeutung der MMS in Echtzeitsystemen empfiehlt sich ein systematisches Vorgehen anhand einer *Phasenorganisation*. Eine mögliche Phasenorganisation[2] (nach [SIE85]) ist in Tabelle 7 dargestellt.

Die folgende Beschreibung der Phasenorganisation wurde in Form einer stichwortartigen Checkliste auszugsweise aus [SIE85] übernommen. Randbemerkungen wurden in Fußnoten angeordnet, um die Übersichtlichkeit nicht zu gefährden. Für die praktische Arbeit kann Tabelle 7 als Gedächtnisstütze verwendet werden.

---

[1] Unter einem Projekt versteht man ein auf ein konkretes Ergebnis ausgerichtetes einmaliges Vorhaben, für das ein Durchführungsplan, eine definierte Zeit und ein definierter Mittelumfang existieren. Eine Projektabwicklung umfaßt dabei: technische, organisatorische, administrative und qualitätssichernde Aufgaben.

[2] Unter Phasenorganisation versteht man die Einteilung eines Entwicklungsprozesses in definierte, aufeinanderfolgende Abschnitte, wobei Ergebnisse einer Phase wieder als Eingabe in die nächste Phase eingehen.

	Planung		Entwurf		Realisierung				Einsatz
Phase	**Anstoss**	**Studie**	**Systementwurf**	**Detailentwurf**	**Implementierung**	**Integration**	**Systemtest**	**Produktabnahme**	
Phasenziel	Projekt- und Produktzielsetzung festlegen	Systemanforderungen und Leistungen festlegen	System-grobstruktur festlegen	Systemkomponenten und Schnittstellen festlegen	Systemkomponenten fertigstellen	Ablauffähiges System herstellen	Abnahmereifes System herstellen	Produkt-/Serienreife erzielen	Produkteinsatz sicherstellen
Voraussetzungen	• Marktanalysen • Konkurrenzbeobachtungen • Kundenwünsche • Ausschreibungen • Lastenheft	• Anforderungen • Produktvorschlag • Kurzprojektplan • Genehmigter Studienauftrag	• Auftrag • Bestätigtes Pflichtenheft • Vorläufiger Projektplan	• Verabschiedete Systemspezifikation • Fortgeschriebener Projektplan • Fortgeschriebener QS-Plan	• Verabschiedete Detailspezifikation • Endgültiger QS-Plan • Fortgeschriebener Projektplan	• Endgültiger QS-Plan • Fortgeschriebener Projektplan • Endgültiger Integrationsplan • Ausgetestete SW-Komponenten (SW) • Technische SW-Dokumentation (SW) • Entwicklungsbericht (HW) • Vorläufige Fertigungsunterlagen (HW) • Entwicklungsmuster (HW)	• Fortgeschriebener Projektplan • Endgültiger QS-Plan • Endgültiger Testplan • Integriertes Produkt • Ergänzte Anwenderdokumentation • Testdaten • Ergänzte technische SW-Dokumentation (SW) • Ergänzter Entwicklungsbericht (HW) • Vorläufige Fertigungsunterlagen (HW)	• Abnahmereifes Produkt • Abnahmebedingungen aus Pflichtenheft	• Produkt im Einsatz
Ergebnisse / technisch	• Produktvorschlag	• Pflichtenheft • Lösungsstudie	• Systemspezifikation	• Detailspezifikation	• Endgültige Detailspezifikation • Anwenderdokumentation • Endgültiger Integrationsplan • Technische SW-Dokumentation (SW) • Ausgetestete SW-Komponenten (SW) • Entwicklungsbericht (HW) • Vorläufige Fertigungsunterlagen (HW) • Entwicklungsmuster der Komponenten (HW)	• Integriertes Produkt • Ergänzte technische SW-Dokumentation (SW) • Ergänzte Anwenderdokumentation • Ergänzter Entwicklungsbericht (HW) • Vorläufige Fertigungsunterlagen (HW)	• Abnahmereifes Produkt • Vollständige Anwenderdokumentation • Vollständige technische SW-Dokumentation (SW) • Vollständiger Entwicklungsbericht (HW) • Ausgegebene Fertigungsunterlagen (HW)	• Abgenommenes Produkt	
Ergebnisse / qualitätssichernd		• Vorläufiger QS-Plan	• Fortgeschriebener QS-Plan • Testplan	• Lastenheft für Unterauftragnehmer • Fortgeschriebener QS-Plan	• Musterbericht (HW) • Zuverlässigkeitsberechnung (HW)		• Qualitätsbericht • Testbericht • Musterbericht (HW)	• Abnahmebericht	
Ergebnisse / projektsteuernd	• Kurzprojektplan • Studienauftrag	• Vorläufiger Projektplan • Phasenabnahmebericht	• Fortgeschriebener Projektplan • Phasenabnahmebericht	• Fortgeschriebener Projektplan • Phasenabnahmebericht	• Fortgeschriebener Projektplan • Phasenabnahmebericht	• Fortgeschriebener Projektplan • Phasenabnahmebericht	• Fortgeschriebener Projektplan • Phasenabnahmebericht	• Abgeschlossener Projektplan • Phasenabnahmebericht	

Tabelle 7

Version 2.0

Sie besteht aus vier Hauptphasen, die noch in Teilphasen unterteilt werden können:
- Planung (Anstoß und Studie),
- Entwurf (Systementwurf und Detailentwurf),
- Realisierung (Implementierung, Integration, Systemtest, Produktabnahme) und
- Einsatz.[3]

Jede Phase umfaßt bestimmte Tätigkeiten mit definierten Voraussetzungen und Ergebnissen, die in Tabelle 7 angegeben sind.[4] Je nach Voraussetzungen kann mit jeder Phase begonnen werden. In Verantwortung des Projektleiters (mit Begründung) können einzelne Phasen wegfallen.

Nach Abschluß der Tätigkeiten einer Phase sollte explizit, z. B. in einem *Review*, die Vollständigkeit der geforderten Ergebnisse überprüft werden. Erst dann darf die nächste Phase gestartet werden.

Die Einhaltung einer Phasenorganisation ist ein wesentlicher Beitrag zur Erzielung eines Produkts, das sowohl die funktionellen als auch die qualitativen Anforderungen erfüllt.

4.1.2 Anwendung der Phasenorganisation

Die in Tabelle 7 dargestellte Phasenorganisation wird als Checkliste angegeben.

4.1.2.1 Anstoß
- Voraussetzungen:
  Kundenwünsche,
  Ausschreibung,
  Lastenheft.
- Tätigkeiten technisch:
  Analyse der Anforderungen,
  Definieren von Produktzielen,
  Erstellen eines Produktvorschlages.

---

[3] Es gibt *keine Wartungsphase*, da diese im Rahmen der Phasenorganisation ein neues Projekt darstellt.

[4] Technische, qualitätssichernde und projektsteuernde Ergebnisse wurden getrennt. Damit soll die häufig auftretende, sicherheitsrelevante Gefahrenquelle entschärft werden, daß nur technische Ergebnisse geprüft werden und auf die Qualität (zu der auch die Sicherheit gehört) vergessen wird.

- Tätigkeiten projektsteuernd:
Festlegung der Schnittstelle Auftraggeber-Entwicklung,
Erstellung des Kurzprojektplanes,
Vorausplanen der Phase Studie.
- Ergebnisse technisch:
Projektvorschlag (Produktziele, Lösungsvorschlag).
- Ergebnisse projektsteuernd:
Kurzprojektplan (Grob-Phaseneinteilung, Projektverantwort-
lichkeiten, Aufwand, Termine),
Studienauftrag.

Damit ist die Anstoß-Phase abgeschlossen. In vielen Fällen sind
ihre Ergebnisse schon bei Projektbeginn gegeben, sodaß gleich mit
der Studienphase begonnen werden kann.

4.1.2.2 Studie

- Voraussetzungen:
Anforderungen,
Produktvorschlag,
Kurzprojektplan,
genehmigter[5] Studienauftrag.
- Tätigkeiten technisch:
Erstellung des Pflichtenheftes samt Abstimmung mit dem Auf-
traggeber,
Erstellung einer Lösungsstudie.
- Tätigkeiten qualitätssichernd:
Erstellen eines vorläufigen Qualitätssicherungsplanes (QS-
Plan),
Überprüfen des Pflichtenheftes.
- Tätigkeiten projektsteuernd:
Festlegen des Configuration-Managements,
Abschätzung des Entwicklungsaufwandes,
Festlegung des vorläufigen Projektplans,
Vorausplanen der (folgenden) Phase Systementwurf,
Phasenabnahme.
- Ergebnisse technisch:
Pflichtenheft,
Lösungsstudie.

---

[5] Nach Prüfung der Ergebnisse der vorangegangenen Phase. Die ausdrückliche Geneh-
migung zur Weiterarbeit nach jeder Phase soll sicherstellen, daß eventuelle Fehlentwicklungen so früh und kostengünstig wie möglich abgebrochen werden können.

- Ergebnisse qualitätssichernd:
  vorläufiger QS-Plan.
- Ergebnisse projektsteuernd:
  vorläufiger Projektplan (insbesondere Einsatzmittel- und Terminplan, Projektstruktur, Krisenplan),
  Phasenabnahmebericht.

4.1.2.3 Systementwurf

- Voraussetzungen:
  Auftrag,
  bestätigtes Pflichtenheft,[6]
  vorläufiger Projektplan.
- Tätigkeiten technisch:
  Spezifizieren der externen Schnittstellen,
  Aufteilen der Funktionen auf Hardware und Software,
  Festlegung der Hardware-Software-Funktionskomplexe,
  Erstellen von groben Zustands- und Ablaufdiagrammen,
  Aussagen über die Betriebskennwerte erarbeiten,
  Erstellen der Systemspezifikation,
  Festlegen der Testdaten,
  Berücksichtigung der Wartungserfordernisse.
- Tätigkeiten qualitätssichernd:
  Berücksichtigung der Qualitätsanforderungen im Entwurf,
  Durchführung von Design-Reviews,
  Testplan erstellen,
  Prüfen beigestellter Hard- oder Software,
  Berücksichtigen von Diagnosehilfsmitteln,
  Erstellung eines Qualitätsberichts für die Phase.
- Tätigkeiten projektsteuernd:
  Projektplan fortschreiben, ergänzen,
  Vorausplanen der Phase Detailentwurf,
  Durchführen der Phasenabnahme,
  Ergänzen der Dokumente.
- Ergebnisse technisch:
  Systemspezifikation (Systemübersicht, Systemstruktur, Schnittstellen, betriebliche Kennwerte, Realisierungsbedingungen),
  Testdaten,
  Integrationsplan.

---

[6] Dieses ist ab nun Vertragsgrundlage mit dem Kunden für die Abnahme.

– Ergebnisse qualitätssichernd:
QS-Plan ergänzt,
Testplan (Testhilfsmittel, Testfälle, Testnachweis,[7]
Qualitätsbericht.
– Ergebnisse projektsteuernd:
Projektplan ergänzt,
Phasenabnahmebericht.

4.1.2.4 Detailentwurf

– Voraussetzungen:
Verabschiedete Systemspezifikation,
ergänzter Projektplan,
ergänzter QS-Plan,
Integrationsplan,
Testplan.
– Tätigkeiten technisch:
Aufteilen der Funktionen der Hardware und Software auf
Komponenten, bzw. Baugruppen,
Erstellung detaillierter Zustands- und Ablaufdiagramme,
Erstellen von Detailspezifikationen,
Detaillierung der Testdaten.
– Tätigkeiten qualitätssichernd:
Durchführung von Design-Reviews,
Ergänzen des QS-Planes,
Ergänzen des Testplanes,
Berücksichtigung der Prüfbarkeit im Detail,
Erstellung eines Qualitätsberichtes für die Phase.
– Tätigkeiten projektsteuernd:
Projektplan fortschreiben, ergänzen,
Vorausplanen der Phase Implementierung,
Durchführen der Phasenabnahme,
Ergänzen der Dokumente.
– Ergebnisse technisch:
Detailspezifikation[8] (Lösungsprinzipien, Funktionsaufteilung
Hardware/Software, detaillierte Schnittstellen, Zustands- und
Ablaufdiagramme),
Testdaten samt erwarteten Ergebnissen,
ergänzter Integrationsplan.

---

[7] Die erfolgreiche Durchführung von Tests muß dokumentiert werden. Dies gilt insbesondere für den Abnahmetest.

[8] Die Detaillierung geht nun so weit, daß die folgende Implementierung eher eine Routinetätigkeit ohne wesentliche weitere Entscheidungen ist.

– Ergebnisse qualitätssichernd:
QS-Plan ergänzt,
ergänzter Testplan,
Qualitätsbericht.
– Ergebnisse projektsteuernd:
Projektplan ergänzt,
Phasenabnahmebericht.

4.1.2.5 Implementierung

– Voraussetzungen:
Detailspezifikation verabschiedet,
endgültiger QS-Plan,
ergänzter Projektplan,
ergänzter Integrationsplan,
ergänzter Testplan,
Testdaten.
– Tätigkeiten technisch:
Erstellen und Austesten der Komponenten,
Erstellen der Anwenderdokumentation,
Erstellen der technischen Dokumentation,
Festlegen des endgültigen Integrationsplanes.
– Tätigkeiten qualitätssichernd:
Überprüfung der Einhaltung der Qualitätsanforderungen,
Überprüfen der Durchführung der Modultests auf Übereinstimmung mit dem Testplan,
Erstellung eines Qualitätsberichtes für die Phase,
Überprüfen der Einhaltung von Vorschriften und Normen,
Überprüfen des Integrationsplanes,
Durchführung von code-reviews.
– Tätigkeiten projektsteuernd:
Projektplan fortschreiben, ergänzen,
Vorausplanen der Phase Integration,
Durchführung der Phasenabnahme.
– Ergebnisse technisch:
ausgetestete Bausteine und Datenstrukturen,
technische Dokumentation,
Anwenderdokumentation,
endgültiger Integrationsplan.
– Ergebnisse qualitätssichernd:
Qualitätsbericht,
Testbericht.[9]

---

[9] Auf der Ebene der Detailfunktionen.

  – Ergebnisse projektsteuernd:
    Projektplan ergänzt,
    Phasenabnahmebericht.

4.1.2.6 Integration

  – Voraussetzungen:
    Endgültiger QS-Plan,
    ergänzter Projektplan,
    endgültiger Integrationsplan,
    ausgetestete Komponenten,
    technische Dokumentation,
    endgültiger Testplan,
    Testdaten,[10]
    Pflichtenheft,
    Anwenderdokumentation.
  – Tätigkeiten technisch:
    Durchführung der Systemintegration gemäß Integrationsplan,
    stufenweiser Funktions-Test bei der Integration des Systems,
    Ergänzung der technischen Dokumentation,
    Ergänzung der Anwenderdokumentation.
  – Tätigkeiten qualitätssichernd:
    Überprüfung der Testdurchführung auf Übereinstimmung mit
    dem Testplan,
    Erstellen eines Qualitätsberichtes für die Phase.
  – Tätigkeiten projektsteuernd:
    Projektplan ergänzen,
    Vorausplanen der Phase Systemtest,
    Phasenabnahme der Integration.
  – Ergebnisse technisch:
    integriertes Produkt,
    ergänzte technische Dokumentation,
    ergänzte Anwenderdokumentation.
  – Ergebnisse qualitätssichernd:
    Qualitätsbericht ergänzt,
    Testbericht ergänzt.
  – Ergebnisse projektsteuernd:
    ergänzter Projektplan,
    Phasenabnahmebericht.

---

[10] Diese können schon mit den Ergebnissen der Einzeltests verknüpft sein.

4.1.2.7 Systemtest

- Voraussetzungen:
  ergänzter Projektplan,
  endgültiger QS-Plan,
  endgültiger Testplan,[11]
  Integriertes Produkt,
  ergänzte technische Dokumentation,
  ergänzte Anwenderdokumentation,
  Testdaten,[12]
  Pflichtenheft.[13]

- Tätigkeiten technisch:
  Durchführen des Systemtests gemäß Testplan,
  Ergänzen der Testdaten,[14]
  Vervollständigen der technischen Dokumentation,
  Vervollständigen der Anwenderdokumentation.

- Tätigkeiten qualitätssichernd:
  Überprüfen der Anwenderdokumentation,[15]
  Qualitätsbericht erstellen,
  Überprüfen der Testdurchführung auf Übereinstimmung mit
  dem Testplan.

- Tätigkeiten projektsteuernd:
  Projektplan ergänzen,
  Vorbereiten der Abnahme,[16]
  Phasenabnahme Systemtest.

- Ergebnisse technisch:
  abnahmereifes Produkt,[17]

---

[11] Nun liegt der Schwerpunkt auf dem Test des Zusammenspiels der Komponenten.

[12] Ergänzt durch die Test-Ergebnisse aus Implementierung und Integration.

[13] Das Pflichtenheft ist die Grundlage für die folgende Produktabnahme; schon beim Systemtest, der noch ohne die Kunden durchgeführt wird, muß die Übereinstimmung mit den Forderungen des Pflichtenheftes verifiziert werden.

[14] Als Hilfe für den folgenden Abnahmetest und für eventuelle spätere Weiterentwicklungen.

[15] Auf Vollständigkeit, Übereinstimmung mit dem System, Verständlichkeit für die Anwender, usw.

[16] Z. B. Einplanen von Möglichkeiten zur zwischenzeitlichen Korrektur von Fehlern, die während der Abnahme entdeckt werden, Vorsorgen für Protokollierung beim Abnahmetest, usw.

[17] An dieser Systemversion dürfen keine unkontrollierten Änderungen, „letzte Verbesserungen" usw., vorgenommen werden, da diese den bisher durchgeführten Teil des Abnahmetests entwerten und zu einer Gesamtwiederholung des Abnahmetests zwingen könnten. Es könnten durch die Änderung ja neue Fehler in schon getesteten Teilen auftreten.

vollständige Anwenderdokumentation,[18]
vollständige technische Dokumentation.[19]
– Ergebnisse qualitätssichernd:
Qualitätsbericht,[20]
Testbericht.[21]
– Ergebnisse projektsteuernd:
ergänzter Projektplan,
Phasenabnahmebericht.

Nun liegt das fertige Produkt vor. Im Idealfall soll die folgende Abnahme, ohne Aufdeckung von Abweichungen und Fehlern, nur mehr den Auftraggeber von Funktionsumfang und Qualität des Produkts überzeugen.

4.1.2.8 Produktabnahme

– Voraussetzungen:
abnahmereifes Produkt,
Pflichtenheft,[22]
endgültiger Testplan,[23]
– Tätigkeiten technisch:
Durchführung der Abnahme gemäß den im Pflichtenheft definierten Abnahmebedingungen.[24]
– Tätigkeiten qualitätssichernd:
Erstellen des Abnahmeberichts.[25]

---

[18] Meist ist diese schon im Pflichtenheft als Teil des Produkts festgelegt.

[19] Diese ist meist nicht Gegenstand der Abnahme; hilft aber wesentlich bei deren Durchführung, bzw. bei später notwendigen, kontrolliert durchgeführten, Korrekturen.
Erfahrungsgemäß wird die technische Dokumentation nach der Abnahme nur mehr schlampig oder gar nicht ergänzt.

[20] Dieser ist oft im Pflichtenheft als wesentlicher Bestandteil des Produkts festgelegt. Durch ihn wird festgehalten, daß das zu übergebende Produkt nach den vereinbarten Qualitätsstandards entwickelt wurde.

[21] Der Systemtest sollte den Abnahmetest intern schon vorwegnehmen.

[22] Als Dokument, an dem das Produkt im Abnahmetest bewertet wird.

[23] Insbesondere Testfälle, die vom Auftraggeber für den Abnahmetest angegeben wurden.

[24] Im Regelfall nimmt der Kunde, oder ein von ihm bevollmächtigter Vertreter, die Abnahme vor. Bei Fehlern muß der Lieferant diese beheben, bevor der Test teilweise wiederholt und fortgesetzt werden kann. Bei schwerwiegenden Fehlern ist mit einem Abbruch der Abnahme und Rückkehr zu früheren Projektphasen zu rechnen. Während der Abnahme zeigt es sich, ob man bei der Formulierung des Pflichtenheftes genügend sorgfältig vorgegangen ist.

[25] Im Abnahmebericht muß die erfolgte Abnahme und damit das Übergehen der Verantwortung auf den Kunden eindeutig festgehalten werden. Im Regelfall beginnt mit erfolgter Abnahme die Garantiefrist.
Ein vorläufiger Abnahmebericht kann noch offene Punkte in einer Mängelliste enthalten. Die endgültige Abnahme erfolgt nach deren Behebung und ergänzenden Abnahmetests.

- Tätigkeiten projektsteuernd:
  Abschließen des Projektplanes,
  Phasenabnahme.[26]
- Ergebnisse technisch:
  abgenommenes Produkt.
- Ergebnisse qualitätssichernd:
  Abnahmebericht.
- Ergebnisse projektsteuernd:
  abgeschlossener Projektplan,
  Abnahmebericht.

Damit ist das Projekt für den Auftragnehmer abgeschlossen. Die folgende Einsatzphase liegt, ausgenommen von eventuellen Garantieverpflichtungen, nicht mehr in seiner Verantwortung.

4.1.2.9 Einsatz

- Voraussetzungen:
  abgenommenes Produkt.
- Tätigkeiten technisch:
  Einsatzunterstützung[27]
- Tätigkeiten qualitätssichernd:
  Ausfallsanalyse.

4.2 Beispiel

4.2.1 Allgemeines

Parallel zur in Kap. 4.1 beschriebenen Phasenorganisation soll die Vorgangsweise bei der Entwicklung der MMS für ein Netzleitsystem angedeutet werden.[28]

Die Entwicklung der MMS wird als Teilprojekt der Entwicklung eines Netzleitsystems angesehen; das Grundsystem wird dabei als gegeben vorausgesetzt.

Das Projekt ist: „Entwicklung der Mensch-Maschine-Schnittstelle für die Netzleitstelle X auf der Basis des Grundsystems Y".

---

[26] An dieser Stelle kann eine „Nachkalkulation" durchgeführt werden; sowie eine kritische Sichtung der während des Projektes aufgetretenen Schwierigkeiten. Dies kann wesentliche Lerneffekte für spätere ähnliche Projekte auslösen.

[27] Meist werden die Einsatzunterstützung, sowie die Wartung und Weiterentwicklung als eigene Projekte abgewickelt.

[28] Die konkrete Durchführung für ein großes Projekt kann mehrere Ingenieurjahre erfordern.

4.2.1.1 Anstoß

Voraussetzung sei eine *Ausschreibung* des Kunden Z, die an mehrere Firmen erging.

Es handelt sich um ein neues Netzleitsystem für die vorhandene Netzleitstelle X. Dabei sollen eine neue Rechnertechnologie (32-bit-Rechner) sowie Graphiksichtgeräte anstelle einer veralteten Warte verwendet werden.

Der Kunde schreibt dabei u. a. vor:[29]
- Bedienung ausschließlich über Sichtgeräte (keine technologische Tastatur),
- nichtlöschbares Bedienprotokoll auf einem für spätere Auswertungen vorgesehenen File,
- Reaktionszeit vom Eintritt eines Ereignisses bis zur Anzeige kleiner als 2 sec,
- Einfachrechnersystem,[30]
- usw.

Als Muster liegen vor:
- Strukturpläne des Netzes und
- unverbindliches Muster eines Bildes; d. h. es können von den Anbietern die Vorteile ihrer Sichtgeräte eingebracht werden.

Dadurch werden folgende Tätigkeiten ausgelöst:

technisch

Die Anforderungen des Kunden werden auf Unklarheiten und eventuelle Widersprüche analysiert, und diese mit dem Kunden geklärt; die Einsetzbarkeit des Grundsystems Y wird geprüft.

Die Ergebnisse werden Teil eines *Produktvorschlages* für das spätere Angebot. Darin wird gezeigt, wie die Wünsche des Kunden berücksichtigt werden könnten.

Z.B. wird für den vorgesehenen Sichtgerätetyp eine mögliche Realisierung des Musterbildes gezeigt.

Beispiele von Referenzsystemen, die bereits mit dem Grundsystem Y realisiert wurden, werden angegeben und eventuell durch Muster von Bildern und Protokollen demonstriert.

Hinweise auf zu erwartende Schwierigkeiten (z. B. zu enge Grenzen der Reaktionszeit) und Erweiterungsmöglichkeiten ergänzen den Produktvorschlag.

projektsteuernd

Ein *Kurzprojektplan* für die spätere Realisierung wird aufgestellt. Er gibt grob an, welche Tätigkeiten zur Projektdurchführung nötig

---

[29] Im realen Fall ist diese Liste viel länger und detaillierter.
[30] Z. B. weil die alte Warte für einen Notbetrieb verfügbar bleibt.

sind. In späteren Phasen wird der Projektplan entsprechend ergänzt und verfeinert.

Nach Rücksprache mit dem Kunden kann die Studienphase angeschlossen werden. Die *Anstoßphase* ist damit abgeschlossen.[31]

4.2.1.2 Studie

Als Voraussetzungen liegen vor:
- die Anforderungen des Kunden,
- der Produktvorschlag,
- der Kurzprojektplan und
- der genehmigte Studienauftrag.[32]

Dadurch werden folgende Tätigkeiten ausgelöst:

technisch
- Erstellung des *Pflichtenheftes*. Darin werden alle *funktionellen* Details der MMS[33] festgelegt und mit dem Auftraggeber abgestimmt.

  Das Pflichtenheft könnte in unserem Fall folgende Teile enthalten:

  a) Bedienungsstrategie, z. B. poke-points,[34] die durch Cursor-Tasten angesteuert werden.

  Festlegung der Menusteuerung: Struktur der Kommandos, Darstellung nur der erlaubten Alternativen, Art der Quittierung durch den Rechner, usw.

  b) Struktur und Inhalt aller Bilder: Festlegung des Hintergrundbildes, Darstellung der variablen Felder samt ihrer symbolischen Darstellung in den verschiedenen Betriebszuständen, Darstellung von Sonderzuständen und Alarmen.

  c) Struktur und Inhalt aller Text-Masken: Tabellarische Meßwertausgaben, Alarmdarstellung (z. B. statisch priorisiert, mit Ausgabe der fünf wichtigsten Alarme), Darstellung, Bedeutung und Funktion der Teile einer Meldungszeile (Zeit,

---

[31] Die am Ende jeder Phase erfolgenden Rücksprachen, Prüfungen und Genehmigungen für das weitere Vorgehen (*Review*) sollen Fehler bei der Projektabwicklung so früh wie möglich erkennen, um sie noch schnell und kostengünstig korrigieren zu können.

[32] In ihm sollte auch die Finanzierung der Studie festgelegt sein. Diese hängt u. a. davon ab, ob in der Ausschreibung die Studie schon als Teil des Auftrages definiert ist. In vielen Fällen werden die Erstellung der Studie und die spätere Realisierung als zwei getrennte Projekte durchgeführt.

[33] Nicht aber ihre dv-technische Realisierung; diese wird erst in der Entwurfsphase festgelegt.

[34] In den Anforderungen des Kunden wurde eine technologische Tastatur ausgeschlossen.

Quittierungsspalte, Meldetext, Priorität und Kommentar),
Bedienprotokoll.
d) Festlegung der Prüfvorschriften für Eingaben und der daraus folgenden Reaktionen für den Normal- und Fehlerfall.

– Detailausführung von *Mustern* der Bild- und Textmasken.[35]
Das Pflichtenheft wird mit dem Auftraggeber gemeinsam (in einem Review) geprüft und eventuell korrigiert oder ergänzt. Nach Bestätigung durch den Auftraggeber ist es *verbindliche Grundlage für Entwurf und Realisierung.*
– Erstellung einer *Lösungsstudie*: Während das Pflichtenheft vor allem die äußere Funktion der MMS beschreibt, gibt die Lösungsstudie zunächst grob an, wie die im Pflichtenheft geforderten Funktionen realisiert werden können.[36]
In unserem Beispiel kann weitgehend auf Funktionen des als gegeben vorausgesetzten Grundsystems zurückgegriffen werden. Auch Erfahrungen aus ähnlichen Vorprojekten können oft direkt übernommen werden. Doch sind in fast jedem Projekt Sonderwünsche vorhanden, deren Realisierung überlegt werden muß.
In unserem Fall genüge der Hinweis auf die vorhandenen Generatorprogramme und deren Beschreibungssprache. Ebenso kann für Sonderauswertungen auf die Dienstfunktionen der Datenhaltung des Grundsystems zurückgegriffen werden.

qualitätssichernd
– Ein *vorläufiger QS-Plan* wird aufgestellt. Er fixiert eventuelle vom Kunden vorgegebene Qualitätsstandards.[37] Der QS-Plan kann Angaben darüber enthalten, wie die vom Auftraggeber erhaltenenen Unterlagen auf Fehlerfreiheit und Konsistenz geprüft werden, wie eventuelle Korrekturen mit dem Auftraggeber abzustimmen und von ihm zu genehmigen sind. Darüber hinaus kann er Angaben über die vorgesehene Teststategie (für die folgende Entwurfsphase) enthalten.

---

[35] Die Ausarbeitung aller strukturell ähnlicher Masken wird wegen des hohen Aufwandes, und weil keine Überraschungen hinsichtlich der Planung zu erwarten sind, erst in der Implementierungsphase durchgeführt; vgl. Kap. 4.2.1.5.

[36] Dabei sollen Konkurrenzprodukte (z. B. Bedienoberfläche eines anderen Produkts, eines anderen Herstellers . . .), sowie Vorschriften, Normen . . . berücksichtigt werden.

[37] Z. B. verpflichtendes Vorgehen nach einem definierten Entwicklungshandbuch. Wird vom Kunden keine derartige Forderung erhoben, so ist es zu empfehlen, daß der Auftragnehmer sein eigenes Entwicklungshandbuch als für dieses Projekt verbindlich erklärt. Damit können spätere Streitigkeiten über Entwicklungsdurchführung und vereinbarte Qualität verhindert werden.

– Gemeinsames Überprüfen des Pflichtenheftes. Das Ergebnis soll schriftlich als Teil des Phasenabnahmeprotokolls festgehalten werden.

projektsteuernd
– Festlegen des *configuration-management.*[38]
– Abschätzung des *Entwicklungsaufwandes.* Hier ist es wesentlich, sich auf ähnliche Vorgängerprojekte beziehen zu können. Dann kann in Analogie der Aufwand aus dem Vergleich der Mengen an Bildern oder Textmasken, aus der Zahl der variablen Daten und deren Prüfvorschriften, aus der Zahl verschiedener Meldungen und Alarme, usw. gut abgeschätzt werden.[39]
– Vorläufiger Projektplan durch Ergänzung des Kurzprojektplanes. Diese Ergänzungen ergeben sich aus der Detaillierung der Funktionen im Pflichtenheft und aus deren Analyse in der Lösungsstudie.
Der Projektplan enthält auch Angaben zu Terminen, zur Teamstruktur[40] und zur Einsatzmittelplanung.[41]
Sinnvoll ist es, schon jetzt einen *Krisenplan* aufzustellen. Dieser enthält Eventualmaßnahmen für den Fall von Personalausfällen (Krankheit, Kündigung, usw.), technischen Störungen (z. B. Rechnerausfall oder verlangsamtes Arbeiten durch Rechnerüberlastung, Ausfall von Sichtgeräten, usw.) und unvorhersehbaren Problemen (z. B. übersehene Fehler im Pflichtenheft, dringende Sonderwünsche des Kunden, usw.).
Der Krisenplan soll weiters Angaben darüber enthalten, wer die Eventualmaßnahmen im Notfall auslöst, wer ihren Einsatz wann beendet (Festlegung der Verantwortlichkeit) und welche Hilfsmittel verfügbar sind.[42]
– Damit liegen alle für das endgültige Angebot nötigen Daten vor. Nach Angebotsprüfung erfolgt die Auftragserteilung an

---

[38] Bei MMS der Netzleittechnik mit über tausend Bild-Masken und den entsprechenden Prüfvorschriften entstehen so große Datenmengen, daß eine dv-Unterstützung zur Erhaltung der Übersicht unbedingt notwendig ist.

[39] Das Gebiet der Kostenschätzung für Software überschreitet den Rahmen dieses Buches. Für Interessenten sei z. B. auf [BOE81] verwiesen.

[40] Viele Aufgaben, z. B. die Detailimplementierung der vielen Bild- und Textmasken, können parallel im Team durchgeführt werden. Damit ist es möglich, frühere Fertigstellungstermine zu erhalten.

[41] Z. B. Teamgröße, Zahl der Graphik- und Text-Terminals, benötigte Rechnerkapazität, usw.

[42] Alle diese Maßnahmen sind mit gegenüber der Planung erhöhten Kosten verbunden. Besser ist es, durch qualitätssichernde Maßnahmen diese Störungen des Projektablaufes zu verhindern.

eine der beteiligten Firmen. Der Auftrag stellt damit zugleich den *Phasenabnahmebericht über die Studienphase* dar.

4.2.1.3 Systementwurf

Als Voraussetzungen liegen vor:
- Auftrag mit Termin und Kostengrenzen,
- bestätigtes Pflichtenheft als Vertragsgrundlage für die Abnahme (vgl. Kap. 4.2.1.8) durch den Kunden und
- der vorläufige Projektplan.

Ab dieser Phase ist der Auftraggeber nicht mehr direkt an der Entwicklung beteiligt; er tritt erst wieder bei der Produktabnahme auf.[43] Änderungswünsche, Erweiterungen, usw. dürfen nun nicht mehr ohne weiteres angenommen werden, da sie die Projektstruktur, sowie die Termine und Kosten meist negativ beeinflussen.

Daraus ergeben sich folgende Tätigkeiten:

technisch
- Spezifizieren der externen Schnittstelle (zum Menschen),
- Aufteilen der Funktionen auf Hardware und Software,[44]
- Festlegung der Hardware-Software-Funktionskomplexe,
- Erstellen von groben Zustands- und Ablaufdiagrammen. Entsprechend der gewählten Bedienungstrategie[45] werden z. B. die Abfolge von Menus, die zu einem Kommando gehören, oder die Kommentierung und Quittierung von Alarmen durch Zustandsdiagramme beschrieben. Ebenso werden die Maßnahmen bei Systemfehlern, z. B. zur Auslösung und Steuerung eines Wiederanlaufs definiert.
- Festlegen eines Integrationsplanes. In unserem Beispiel wird dabei festgelegt, wie die MMS-Komponenten zunächst allein getestet werden.[46] Dann wird (vgl. Kap. 4.2.1.6) die MMS ins Gesamtsystem integriert und mit diesem gemeinsam getestet.
- Aussagen über die Betriebskennwerte erarbeiten,[47]
- Erstellen der Systemspezifikation. Diese bezieht sich auf die dv-technische Realisierung; sie beschreibt u. a. die Modulari-

---

[43] Das hindert nicht seine Information über den Projektfortschritt oder eine parallel zur Entwicklung ablaufende Einschulung der künftigen Betreiber. Dazu können Prototypen der MMS verwendet werden.

[44] Dies ist z. B. deshalb wichtig, da heutige Sichtgeräte mehr oder weniger „eingebaute Intelligenz" aufweisen, was sich einerseits auf deren Anschaffungskosten, andererseits auf die Software-Entwicklungskosten wesentlich auswirkt. Derartige Entscheidungen sollen zu einem möglichst frühen Zeitpunkt getroffen werden, da sie die weitere Entwicklung entscheidend beinflussen.

[45] Vgl. Kap. 2.3.3.

[46] Dazu wird mittels geeigneter Testwerkzeuge die Systemumgebung simuliert.

[47] Z. B. Reaktionszeiten.

sierung und die Modulschnittstellen, die Datenstrukturen und die Festlegung der für die Funktionen nötigen Algorithmen.[48]
- Festlegen der Testdaten: Wegen der großen Datenmenge müssen die Testdaten, insbesondere für den Integrations- und Abnahme-Test, z. B. jeder einzelnen Meßstelle, jeder Schalthandlung, samt den erwarteten Systemreaktionen dv-gestützt in einer Testdatenbank, eventuell gemeinsam mit den erwarteten Reaktionen, verwaltet werden.
Die Testdatenbank soll so angelegt werden, daß in ihr auch die erfolgreiche Durchführung der entsprechenden Testbeispiele (auf eine bestimmte Version bezogen) dokumentiert werden kann. Auch Daten für den „Härtetest" (Grenz- und Fehlerfälle, sowie Tests der dynamischen Belastungsfähigkeit) sind zu berücksichtigen, da gerade an Echtzeit-MMS, besonders in Streß-Situationen, mit gehäuften Bedienungsfehlern zugleich mit hoher Systembelastung zu rechnen ist.
In vielen Fällen werden diese Daten (oder ein Teil davon) vom Kunden übergeben, anderenfalls müssen sie von der Entwicklungsmannschaft definiert werden. Dann muß der dafür notwendige Kosten- und Termin-Aufwand eingeplant werden.
- Berücksichtigung der Wartungserfordernisse.[49]

qualitätssichernd
- Berücksichtigung der Qualitätsanforderungen im Entwurf,
- Durchführung von design-reviews,
- Testplan erstellen. Dazu muß auch festgelegt werden, wo der Abnahmetest durchgeführt werden soll.
Man unterscheidet einen „Factory-Acceptance-Test" (FAT), der beim Hersteller durchgeführt wird, von einem Acceptance-Test am endgültigen Aufstellungsort. Beide Strategien unterscheiden sich wesentlich: Z.B. stehen beim FAT alle Entwickler zur Diagnose und Fehlerkorrektur zur Verfügung; doch können nicht alle denkbaren Fehlbedienungen[50] geprüft werden. Beim Abnahmetest vor Ort steht zwar die vollständige Prozeßperipherie in endgültiger Form zur Verfügung. Doch ist die Bereitstellung der wesentlichen Entwickler[51] wegen der oft großen Entfernung zwischen Entwicklungsstandort und Standort des Prozeßleitsystems kritisch.

---

[48] In unserem Beispiel sind diese Angaben weitgehend durch das verwendete Grundsystem vorgegeben.

[49] Z. B. hinsichtlich späterer Umbauten und Erweiterungen.

[50] Z. B. Fehlbedienungen wegen anderen Ausbildungsstandes der lokalen Systembetreiber, bzw. solche, die durch die nur teilweise verfügbare Prozeßperipherie beeinflußt wurden.

[51] Zur Klärung offener Fragen und zur Fehlerbehebung.

- Prüfen beigestellter Hard- oder Software,[52]
- Berücksichtigen von Diagnosehilfsmitteln,[53]
- Erstellung eines Qualitätsberichts für die Phase.

projektsteuernd
- Der Projektplan wird als Grundlage für die folgenden Phasen ergänzt.
- Die Phasenabnahme erfolgt intern (ohne den Auftraggeber). Sie muß vor allem die Konsistenz der erarbeiteten Unterlagen (insbesondere der Systemspezifikation) mit dem Pflichtenheft prüfen.

4.2.1.4 Detailentwurf

Als Voraussetzungen liegen vor:
- Die verabschiedete Systemspezifikation,
- der ergänzte Projektplan,
- der ergänzte QS-Plan,
- der Integrationsplan und
- der Testplan.

Daraus ergeben sich folgende Tätigkeiten:
technisch
Aufteilen der Funktionen der Hardware und Software auf Komponenten, bzw. Baugruppen,[54]
- Erstellung detaillierter Zustands- und Ablaufdiagramme. Die Zustands- und Ablaufdiagramme, die im Systementwurf noch relativ grob den Prinzipablauf beschrieben, werden nun so detailliert, daß sie alle Details der Bedienung und die daraus folgenden Reaktionen im Normal- und Fehlerfall festlegen. In Echtzeit-MMS darf z. B. keine auf Systemfehler oder Fehlerstop führende Bedienung übrigbleiben. Alle Sonderauswertungen müssen detailliert spezifiziert werden. Für ihre Einbringung in das Gesamtsystem stellt das Grundsystem standardisierte Anschlußstellen bereit.

---

[52] Z. B. muß geprüft werden, ob die intelligenten Terminals und das vorgegebene Grundsystem wirklich alle angegebenen Funktionen richtig und unter den vorgeschrieben Zeitbedingungen erfüllen.

[53] Vgl. Kap. 3.6. Sind entsprechende „Prüfpunkte" in Hard- und Software vorgesehen, die zu den Diagnose-Tools passen; sind diese Hilfsmittel zuverlässig?

[54] Hier geht es um die Details der Aufteilung, die lückenlos erfolgen muß. Dabei muß z. B. festgelegt werden, welche Prüfungen an ein intelligentes Terminal (eventuell als Firmware realisiert) ausgelagert und welche im Zentralrechner durchgeführt werden.

– Erstellen von Detailspezifikationen, z. B. detaillierte Festlegung der Formate und des Inhaltes aller Text- und Bild-Masken. In unserem Fall kann die Detailspezifikation in der Eingabesprache des Generators für die Maskenerzeugung so dargestellt werden, daß große Teile der Implementierung durch den Generator durchgeführt werden.[55] Die aus früheren Phasen[56] vorliegenden Beschreibungsdaten werden entsprechend ergänzt.
– Detaillierung der Testdaten.[57] Die Tendenz geht heute zu standardisierten Testdatengeneratoren, die aus formalisierten Anforderungen automatisch Testdaten erzeugen.[58]

Von der üblichen Programmierung unterscheidet sich die Entwicklung der MMS insoferne, als wegen des Vorliegens des Grundsystems und der Maskengeneratoren wenig prozedurale Programmierung nötig ist.[59] Man bewegt sich auf der Abstraktionsebene („WAS“, nicht „WIE“) einer nichtprozeduralen Beschreibungssprache.[60]

Ein weiterer Unterschied liegt darin, daß Programme üblicherweise als lineare Strukturen („strings“) vorliegen, während in unserem Falle die *zweidimensionale* Beschreibung von Bildern vorwiegt, die am Graphiksichtgerät selbst mit Hilfe eines Graphikeditors konstruiert werden.

qualitätssichernd
– Durchführung von Design-Reviews. Diese sollen die Vollständigkeit und Fehlerfreiheit der Detailspezifikation soweit nachweisen, daß die folgende Implementierungsphase nur mehr Routinearbeit enthält.
– Ergänzen des QS-Planes,
– Ergänzen des Testplanes,[61]

---

[55] Eine über alle Phasen reichende konsistente rechnergestützte Datenpflege ist wichtig, um einerseits die Übersicht nicht zu verlieren, und um andererseits (ohne zwischengeschaltete Datenumsetzungen) die Entwicklungswerkzeuge flexibel einsetzen zu können.

[56] Vgl. Kap. 4.2.1.2.

[57] Z. B. muß für jede Bedienung die vorgeschriebene Reaktion, für jede Meldung, für jeden Alarm die genaue Form der Darstellung als Text und Graphik am Sichtgerät und als Druckbild festgelegt werden.

[58] Es handelt sich dabei um einen „black-box-Test“, vgl. [ZAT86], da zu diesem Zeitpunkt zwar die Anforderungen, nicht aber das sie realisierende Programm vorliegen.

[59] Diese ist nur für die Realisierung von Sonderauswertungen usw. erforderlich.

[60] Die Generatoren und das Grundsystem müssen die gerade in Echtzeitsystemen kritische zeitliche Effizienz sicherstellen.

[61] Da nun die Testdaten und die erwarteten Reaktionen im Detail vorliegen, kann der Testplan des Systementwurfs weiter detailliert werden.

- Berücksichtigung der Prüfbarkeit im Detail. Sind technische Vorkehrungen getroffen, daß jedes Kommando nachweislich bis zur inneren Kommunikationsschnittstelle[62] verfolgt werden kann?[63]
- Erstellung eines Qualitätsberichtes für die Phase.

projektsteuernd
- Projektplan fortschreiben und ergänzen,
- Vorausplanen der Phase Implementierung. Hier kann man z. B. die Parallelarbeit mehrerer Entwickler (nur Routinetätigkeit) bei der Maskenerzeugung und deren Einzeltest festlegen. Daraus ergeben sich z. B. neue Terminangaben.
- Durchführen der Phasenabnahme. Die Phasenabnahme muß in einem Review vor allem prüfen, ob für alle im Pflichtenheft geforderten Funktionen eine Detailspezifikation vorliegt, und ob entsprechende Testbeispiele vorgesehen sind.
- Ergänzen der Dokumente. Da nun die Details der Funktion und Realisierung der MMS festliegen, können in der folgenden Phase die für eine spätere Weiterentwicklung dienenden Entwicklungsunterlagen und das Bedienungshandbuch für die Betreiber fertiggestellt werden.

4.2.1.5 Implementierung

Es liegen folgende Voraussetzungen vor:
- verabschiedete, teilweise formale Detailspezifikation,
- endgültiger QS-Plan,
- ergänzter Projektplan,[64]
- ergänzter Integrationsplan,
- ergänzter Testplan,
- Testdaten.

Daraus ergeben sich folgende Tätigkeiten:
technisch
- Erstellen und Austesten der Komponenten. Die Implementierung ist eine Routinetätigkeit, die, soweit möglich, dv-gestützt durchgeführt werden sollte.[65] Die für die Generatorpro-

---

[62] Vgl. Kap. 3.3.2.

[63] Da es sich hier um das Teilprojekt der Entwicklung der MMS handelt, ist die weitere Verarbeitung im System in unserem Zusammenhang nicht mehr wichtig.

[64] Jetzt fallen keine Entwurfsentscheidungen mehr, z. B. hinsichtlich Modularisierung und Schnittstellen; die Implementierung ist nur mehr eine wenn auch sehr umfangreiche Routinearbeit.

[65] Bei einem Vorgängersystem der hier beschriebenen MMS, das dem Entwickler nur einen Texteditor, einen Assembler usw. bot, dauerte die Implementierung und der Einzeltest

gramme maschinenlesbar formulierte Feinspezifikation der Funktionen wird im Configuration-Management verwaltet. Daraus erzeugt der Generator Tabellen und ablauffähige Programme der MMS.[66]

Dies bedeutet aber auch den Aufbau des inneren Prozeßmodells in der Datenhaltung, die Festlegung der Adressen der Meß- und Alarmeingänge, der Kommandoausgänge, sowie deren Verbindung zur MMS.

– Erstellen der Anwenderdokumentation. Die Anwenderdokumentation wird am besten in der Phase Implementierung erstellt, da zu dieser Zeit alle Anforderungen der Anwender und alle Details der Realisierung zugleich vorliegen. Eine spätere Erstellung der Dokumentation, z. B. knapp vor der Produktabnahme, erfordert Mehrarbeit, da nun die Details neuerlich zusammengesucht werden müssen. Dabei ist die Gefahr von Flüchtigkeitsfehlern sehr groß; insbesondere, da zu diesem Zeitpunkt meist hoher Zeitdruck herrscht, und der Entwickler für seine jetzige Arbeit diese Dokumentation nicht unmittelbar braucht.

Die Anwenderdokumentation kann entweder auf Papier oder als eine über die MMS abfragbare Datei (On-Line-Benutzermanual) realisiert werden; vgl. Kap. 3.5. Wegen der besseren Pflegbarkeit sollte die Anwenderdokumentation dv-unterstützt, z. B. über Textverarbeitungssysteme, erstellt und gepflegt werden. Ihre Teile müssen den Funktionen der MMS, auch automatisch, eindeutig zuordenbar sein.

Das nun vorliegende Bedienungshandbuch kann eine eventuell parallel ablaufende Schulung wirksam unterstützen. Es bezieht sich ja nun nicht mehr auf die Funktion der *simulierten* MMS, sondern auf die der endgültigen!

– Erstellen der technischen Dokumentation. Diese ist für den Anwender bzw. Betreiber nicht sichtbar; erleichtert aber Weiterentwicklungen und Ergänzungen. Dies ist insbesondere deshalb wichtig, da wegen der langen Lebensdauer von Prozeßsteuerungen die ursprünglichen Entwickler oft nicht mehr verfügbar sind.

---

eines Bildes ca. 1 Woche; mit einem neuen, der *Bildkonstruktion angepaßten* System, wurde diese Zeit auf ca. 1 Tag verringert. Da jetzt bei der Bildkonstruktion nicht mehr mit Maschinenworten, sondern mit *technologischen Elementen* operiert wird, stieg auch die Fehlersicherheit gegenüber dem alten System. Die Realisierung dieses Bildkonstruktionssystems im Grundsystem stellt eine wesentliche qualitätssichernde Maßnahme für die Abwicklung weiterer Projekte dar.

[66] Sonderauswertungen müssen wie üblich programmiert und an standardisierte Schnittstellen des Grundsystems angeschlossen werden.

Dies wird noch dadurch verschärft, daß die Prozeßsteuerung oft weit entfernt vom Entwicklungsstandort installiert ist. Daher empfiehlt es sich, auch die technische Dokumentation dv-unterstützt am Ort der Prozeßsteuerung[67] verfügbar zu halten.
– Festlegen des endgültigen Integrationsplanes.

qualitätssichernd
– Überprüfung der Einhaltung der Qualitätsanforderungen,
– Überprüfen der erfolgten Durchführung der Modultests auf Übereinstimmung mit dem Testplan,[68]
– Erstellung eines Qualitätsberichtes für die Phase,
– Überprüfen der Einhaltung von Vorschriften und Normen,[69]
– Überprüfen des Integrationsplanes,
– Durchführung von Code-Reviews. Dies betrifft vor allem die selbst programmierten Sonderauswertungen u. ä.,

projektsteuernd
– Projektplan fortschreiben, ergänzen,
– Vorausplanen der Phase Integration,
– Durchführung der Phasenabnahme.

Damit liegen die getesteten Einzelkomponenten, z. B. als Module in der Datenhaltung des Configuration-Management, vor, um in der folgenden Integrationsphase zum System MMS zusammengebaut zu werden. Jede Kommandoteilfunktion, jedes Bild, usw. muß schon soweit getestet sein, daß man sich auf das Funktionieren der Einzelkomponenten verlassen kann.

4.2.1.6 Integration

Als Voraussetzungen liegen vor:
Endgültiger QS-Plan,
ergänzter Projektplan,
endgültiger Integrationsplan,
ausgetestete Komponenten,[70]
technische Dokumentation,
endgültiger Testplan,

---

[67] D. h. im Prozeßrechner selbst

[68] Die entsprechende Überprüfung der gesamten MMS erfolgt in der Phase Integration und schließlich bei der Produktabnahme. Doch sollten eventuelle Unstimmigkeiten oder Fehler auf der Ebene von Einzelfunktionen so früh wie möglich eliminiert werden; der Integrationstest sollte sich dann auf das richtige Zusammenspiel der Funktionen beschränken können.

[69] Vgl. z. B. [BEN81], [DIN83], [OEN83].

[70] In der Datenhaltung des Configuration-Management.

Testdaten,[71]
Pflichtenheft,
Anwenderdokumentation.
Dadurch werden folgende Tätigkeiten ausgelöst:
technisch
Durchführung der Systemintegration gemäß Integrationsplan.
Das MMS-System wird stufenweise aus den Moduln zusammengebaut. Der Integrationsplan kann zwei Vorgangsweisen vorgeben:
- *Top-down-Integration*: Ausgehend vom Rahmen[72] werden die Funktionsmoduln eingebracht. Diese Vorgangsweise hat den Vorteil, daß (ohne zusätzliche Hilfsrahmen) eine funktionsfähige MMS existiert, bei der ev. noch Funktionen fehlen. Man kann damit Integration und Test der schon integrierten Moduln verschachtelt parallel durchführen.
- *Bottom-up-Integration*: Dabei werden, ausgehend von den elementaren Moduln, immer komplexere Funktionseinheiten aufgebaut, bis das System MMS als Ganzes vorliegt.[73]

Stufenweiser Funktions-Test bei der Integration des Systems,
Ergänzung der technischen Dokumentation,
Ergänzung der Anwenderdokumentation samt Überprüfung auf Übereinstimmung mit den Funktionen, auf Vollständigkeit, auf Lesbarkeit durch die Anwender, usw.[74]

Im allgemeinen ist bei einem Automatisierungsprojekt die MMS nur ein Baustein. Auf die Entwicklung der MMS folgt dann noch deren Integration in das Gesamtsystem.
qualitätssichernd
Überprüfung der Testdurchführung auf Übereinstimmung mit dem Testplan,
Erstellen eines Qualitätsberichtes für die Phase.
projektsteuernd
Projektplan ergänzen,[75]

---

[71] Diese können schon mit den Ergebnissen der Einzeltests verknüpft sein. Es empfiehlt sich, auch die Testdokumentation dv-unterstützt zu verwalten.

[72] Z. B. ausgehend von den als Package definierten Schnittstellen zum Kommunikations- und Datenbus; vgl. Kap. 3.3.1.

[73] Wegen des Fehlens eines Rahmens müßte dieser für den Test jeder Funktionseinheit zusätzlich realisiert werden.

[74] Z. B. wenn während der Integration zusätzliche gegenseitige Sperren von Funktionen notwendig oder mißverständliche Formulierungen verbessert wurden.

[75] Da infolge von Fehlerbehebungen und Weiterentwicklungen immer wieder neuerliche Integrationen erfolgen, ist es sinnvoll, den einzelnen Moduln *Versionsnummern* zu geben, um alte und verbesserte Versionen unterscheiden zu können. Ebenso soll das Produkt nach jeder Integration eine neue Versionsnummer erhalten. Die Vergabe der Versionsnummern und die Erstellung von „Stücklisten“, die angeben, welche Versionen der Teilkomponenten zusammengebaut wurden, kann das configuration-management-System automatisch durchführen. Diese Information erleichtert die spätere Fehlersuche vor Ort wesentlich.

Vorausplanen der Phase Systemtest,
Phasenabnahme der Integration.
Nun liegt das Produkt MMS vollständig vor.

4.2.1.7 Systemtest

Als Voraussetzungen liegen vor:
ergänzter Projektplan,
endgültiger QS-Plan,
endgültiger Testplan,[76]
integriertes Produkt,
ergänzte technische Dokumentation,
ergänzte Anwenderdokumentation,
Testdaten,
Pflichtenheft.[77]
Daraus ergeben sich folgende Tätigkeiten:
technisch
Durchführen des Systemtests gemäß Testplan,[78]
Ergänzen der Testdaten,[79]
Vervollständigen der technischen Dokumentation,
Vervollständigen der Anwenderdokumentation.
qualitätssichernd
Überprüfen der Anwenderdokumentation,[80]

---

[76] Nun liegt der Schwerpunkt auf dem Test des Zusammenspiels der Komponenten. Hier treten bei Echtzeit-MMS Fragen der richtigen zeitlichen Reihenfolge einlaufender Meldungen, der Verriegelung unzulässiger Aktionsgruppen, der Reaktionszeiten des Systems unter Last usw. in den Vordergrund. Meist enthält der Testplan für den folgenden Abnahmetest vom Kunden erstellte Checklisten, die schon im Integrationstest überprüft werden müssen.

[77] Das Pflichtenheft ist die Grundlage für die folgende Produktabnahme; schon beim Systemtest, der noch ohne die Kunden durchgeführt wird, muß die Übereinstimmung der realisierten MMS sowie der begleitenden Dokumentation mit den Forderungen des Pflichtenheftes verifiziert werden.

[78] Der Test der integrierten MMS muß in dieser Phase noch nicht mit dem zu steuernden Echtzeitprozeß erfolgen. Insbesondere bei einem „Factory-Acceptance-Test" werden die vom Prozeß kommenden und zum Prozeß führenden Ein- und Ausgänge des Prozeßrechners durch Schalterfelder, Files mit Testdaten oder Simulatoren versorgt; bzw. werden die Ausgangssignale entsprechend aufgezeichnet.
Ein derartiger FAT kann daher nicht alle eventuell unvorhergesehenen Kombinationen von Prozeßmeldungen erfassen. Mit Überraschungen nach der endgültigen Inbetriebnahme mit dem echten Prozeß und daraus folgenden Weiterentwicklungen/Korrekturen der MMS ist zu rechnen. Auch dazu ist eine gute, automatisch mitgeführte, Testdokumentation eine große Hilfe.
Gerade bei der Abnahme durch FAT ist auf eine genaue Verantwortungsabgrenzung im Pflichtenheft zu achten, um spätere Nachforderungen zu vermeiden.

[79] Als Hilfe für den folgenden Abnahmetest und für eventuelle spätere Weiterentwicklungen.

[80] Auf Vollständigkeit, Übereinstimmung mit dem System, Verständlichkeit für die Anwender, usw. Gerade hier ist die Beiziehung von Personen, deren Wissensstand dem der späte-

Qualitätsbericht erstellen,[81]
Überprüfen der Testdurchführung auf Übereinstimmung mit dem Testplan.

projektsteuernd
Projektplan ergänzen,
Vorbereiten der Abnahme,[82]

Phasenabnahme Systemtest. Gerade bei der Echtzeit-MMS kritischer Prozesse (z. B. Kraftwerke, medizinische und militärische Anwendungen) müssen wegen der oft irreparablen Folgen von Fehlbedienungen oder Fehlinterpretationen und aus Gründen der rechtlichen Verantwortung besonders hohe Qualitätsanforderungen gestellt und ihre Einhaltung dokumentiert werden.

4.2.1.8 Produktabnahme

Als Voraussetzungen liegen vor:
abnahmereifes Produkt,[83]
Pflichtenheft,[84]
endgültiger Testplan.[85]
Daraus ergeben sich folgende Tätigkeiten:
technisch
Durchführung der Abnahme gemäß den im Pflichtenheft definierten Abnahmebedingungen. Im Regelfall nimmt der Kunde, oder ein von ihm bevollmächtigter Vertreter, die Abnahme vor.

Der Abnahmetest kann stichprobenweise oder durch Prüfen und Abhaken jeder einzelnen Funktion des Pflichtenhefts erfolgen. Er kann sich auf mehrere Wochen oder Monate erstrecken.[86] Letztere Vorgangsweise wird bei sicherheitsrelevanten Anwendungen, wie hier im Fall der elektrischen Netzleittechnik, meist gewählt.

---

ren Betreiber entspricht, zum Review wichtig. Damit können einseitige Sichtweisen („Blickwinkel des Informatikers"), die gerade bei der Anwenderdokumentation kritisch sind, vermieden werden.

[81] Wesentlich ist die Überprüfung, ob alle im Pflichtenheft vereinbarten Qualitätsstandards eingehalten wurden.

[82] Dazu gehören auch die Schaffung räumlicher Voraussetzungen, da während der Abnahme mehrere Mitarbeiter des Auftraggebers zusätzliche Arbeitsplätze benötigen, Bereitstellung von Arbeitsmitteln, Definition eines Kundenbetreuers, Vorsorgen für Protokollierung beim Abnahmetest, usw.

[83] Die MMS liegt als fertiger Baustein, z. B. als Package samt allen zugehörigen Dokumenten vor.

[84] Als Dokument, an dem das Produkt im Abnahmetest bewertet wird.

[85] Soweit dieser vom Kunden im Pflichtenheft festgelegt wurde.

[86] Dies gilt für das Gesamtsystem, von dem die hier behandelte MMS nur eine Komponente darstellt.

Bei Fehlern[87] muß der Lieferant diese beheben, bevor der Test teilweise wiederholt und fortgesetzt werden kann. Bei schwerwiegenden Fehlern ist mit einem Abbruch der Abnahme und Rückkehr zu früheren Projektphasen zu rechnen. Während der Abnahme zeigt es sich, ob man bei der Formulierung des Pflichtenheftes genügend sorgfältig vorgegangen ist.

qualitätssichernd

Erstellen des Abnahmeberichts. Im Abnahmebericht muß die erfolgte Abnahme und damit das Übergehen der Verantwortung auf den Kunden eindeutig festgehalten werden. Im Regelfall beginnt mit erfolgter Abnahme die Garantiefrist.

Ein vorläufiger Abnahmebericht kann noch offene Punkte in einer Mängelliste enthalten. Die endgültige Abnahme erfolgt nach deren Behebung und ergänzenden Abnahmetests.

projektsteuernd

Abschließen des Projektplanes,

Phasenabnahme. An dieser Stelle kann eine „Nachkalkulation" durchgeführt werden; sowie eine kritische Sichtung der während des Projektes aufgetretenen Schwierigkeiten. Dies kann wesentliche Lerneffekte für spätere ähnliche Projekte auslösen.

4.2.1.9 Einsatz

Als Voraussetzungen liegen vor:
abgenommenes Produkt.

Je nach geplanter weiterer Vorgangsweise können nach der Abnahme und nach Ablauf einer eventuell vereinbarten Garantiezeit dem Auftraggeber das Produkt und alle damit im Zusammenhang stehenden Unterlagen übergeben werden. Der Auftraggeber führt dann die weitere Fehlerbehebung und Weiterentwicklung selbst durch.

Es ist aber auch möglich, die Fehlerbehebung und Weiterentwicklung als *neues Projekt* in Auftrag zu nehmen. Dann ist es sinnvoll, daß die Entwicklungsunterlagen und die jeweils aktuelle Produktversion beim Entwickler bleiben.[88]

Daraus können folgende Tätigkeiten folgen:

---

[87] Eigentlich müßten diese schon während des Systemtests erkannt und behoben worden sein!

[88] Gerade bei Prozeßleitanlagen, die weitab von der Entwicklungsstelle betrieben werden, ist es sinnvoll, alle Unterlagen maschinenlesbar vor Ort, samt allen Softwarewerkzeugen, die zur Entwicklung verwendet wurden, aufzubewahren. Dann können Arbeiten vor Ort ohne Rückgriff auf eine ferne Entwicklungsstelle leichter durchgeführt werden.

technisch

Einsatzunterstützung. Meist werden die Einsatzunterstützung, sowie die Wartung und Weiterentwicklung als eigene Projekte abgewickelt.[89]

qualitätssichernd

Ausfallsanalyse. Diese gehört eigentlich nicht mehr zum Projekt; insbesondere, wenn der Kunde selbst Eingriffe in das ihm übergebene Produkt durchführen kann. Doch können hier wesentliche Anregungen für Verbesserungen ähnlicher späterer Produkte gewonnen werden.

---

[89] Wenn, wie oben angegeben, alle Unterlagen und Werkzeuge beim Prozeßrechner verfügbar sind, können Kunden (nach entsprechender Einschulung) kleinere Änderungen und Ergänzungen selbst durchführen. Z. B. können neue Leitungen oder Schalter ins System eingebracht werden, die in den Meldetexten und Bildern der MMS entsprechend zu berücksichtigen sind.

5 Trends, offene Fragen

Auf einem Gebiet, das sich in so schneller Entwicklung befindet wie die MMS in Echtzeitsystemen, ist es schwierig, zuverlässige Trends anzugeben. Dabei muß noch zwischen Modeerscheinungen[1] und langfristigen Entwicklungen[2] unterschieden werden. Ein weiteres Problem stellt die Abschätzung darüber dar, wie schwerwiegend sich eine konservative Grundhaltung vieler Anwender gegenüber Neuerungen auswirkt.[3] Dann können sich ev. technisch mögliche „Verbesserungen" wegen mangelnder Akzeptanz nicht durchsetzen.

Unter diesen Gesichtspunkten mögen die folgenden Trendangaben verstanden werden:

- Stark sinkende Hardwarekosten bei weniger sinkenden Softwarekosten.[4] D.h. die Gesamtkosten werden immer mehr von der Software bestimmt.
- Zurückgehen aufwendiger Großmeldebilder und Tastaturen zugunsten intelligenter interaktiver Graphiksichtgeräte.
  Die Tendenz zu hochauflösender Rastergraphik wird anhalten.[5]
  Semigraphik[6] wird nur mehr als Sonderfall der Vollgraphik realisiert werden.
  Window-Technik, Zoom sind technisch möglich; sie werden

---

[1] Z. B. Sprachausgabe in Autos, oder mehr als 100 Bedienungselemente bei teuren Stereoanlagen, usw.

[2] Z. B. in der industriellen Prozeßleittechnik.

[3] Diese Haltung ist oft dadurch gerechtfertigt, daß wesentliche Änderungen der MMS weitgehendes Umlernen erforderlich machen, und ev. in der Anfangszeit eine höhere Fehlerrate mit dem neuen System verursachen.

[4] Zwar erleichtern höhere Sprachen, Programmierumgebungen, usw. die Softwareentwicklung; doch wird dies durch die steigende Komplexität immer größerer Programmsysteme weitgehend aufgewogen.

[5] Dzt. entsprechen ca.1000*800 Bildpunkte dem Stand der Technik; angestrebt werden 4096*4096 Bildpunkte mit z. B. 16 bit/Bildpunkt für weitere Informationen (Helligkeit, Farbe, Positiv/Negativ-Darstellung, Blinken, . . .). Dies erfordert große Bildspeicher von 32 MByte und entsprechend hohe (je nach Bildcodierung verschiedene) Übertragungsraten.

[6] Jeweils eine Matrix von Bildpunkten stellt ein Zeichen dar. Damit kann die Übertragungsleistung zum Sichtgerät stark verringert werden.

vor allem bei MMS des CAD verwendet. Ihre Akzeptanz für industrielle Prozeßleittechnik ist nicht sicher.

- Keine Veränderung der Grundelemente der MMS bei bewährten Massenanwendungen (z. B. im Auto); jedoch höherer Komfort bei den Nebenfunktionen.
- Sprach-Ein- und Ausgabe wird an Bedeutung gewinnen. Dabei wird sich die Sprachausgabe mit verbesserter Qualität schnell für solche Anwendungen durchsetzen, in denen die Aufmerksamkeit nicht vom Sichtgerät oder von der direkten Prozeßbeobachtung[7] abgelenkt werden soll, oder für einfache Abfragen.
Die Spracheingabe bringt höhere Schwierigkeiten sowohl bei der Spracherkennung auf Ebene der Phoneme und Wörter, als auch bei der Extraktion der Bedeutung. Hier sind noch schwierige Fragen der Gestalterkennung zu bewältigen.[8]
Da die meisten Menschen dazu neigen, sich schriftlich exakter auszudrücken als bei mündlicher Mitteilung, halte ich die *Spracheingabe* für weniger aussichtsreich.
- Tendenz zu MMS mit höherem Sicherheitsgrad. Für die Leitung komplexer potentiell gefährlicher Prozesse werden Fragen der Identifikation, des „Zweischlüsselprinzips", usw. zunehmend an Bedeutung gewinnen. Dies ergibt zwar in allen Fällen eine Verringerung des Bedienungskomforts, erhöht aber die Sicherheit gegenüber ungewollter oder gewollter Fehlbedienung.
- Rechnergestützte MMS werden neben dem „Profi-Bereich" zunehmend im „Privatbereich" an Bedutung gewinnen. Neben anspruchsvolleren Geräten der Konsumelektronik werden z. B. Bereiche der Haustechnik[9] und Verkehrstechnik[10] an Bedeutung gewinnen.
- Vordringen von Expertensystemen zur Unterstützung des Betreibers komplexer Prozesse. Problematisch ist heute noch die laufende Aktualisierung der Wissensbasis durch den Prozeßzustand.
Je nach Gefährdungspotential des überwachten Prozesses muß (wie?) festgelegt werden, wieweit Fehldeutungen durch das

---

[7] Z. B. bei kritischen Montagearbeiten, oder bei medizinischen und militärischen Anwendungen.

[8] Ausnahmen sind (modische?) Anwendungen in der Konsumelektronik, wie Wecker und Schlüsselanhänger, die auf Pfiff reagieren.

[9] Regelung von Heizungsanlagen, Beleuchtungssteuerung, Sicherheitstechnik, usw.

[10] MMS im Auto, Empfehlungen für Umleitungen bei Stauungen, usw.

Expertensystem gegenüber höherer Leistungsfähigkeit im Routinefall tolerabel sind.[11]

– Tendenz zu parametrisierbaren Grundsystemen, um einem möglichst hohen Softwareanteil mehrfach anwenden zu können.

– Generatortechnik zur Erstellung der Parametertabellen möglichst direkt aus den Kundenanforderungen.[12]

– Vordringen des rapid-prototyping.

– Tendenz zur Dezentralisierung. Wenn auch die Automatisierungsprojekte immer komplexer werden, ist es doch durch funktionelle Modularisierung möglich, relativ unabhängige Teilsysteme zu definieren und hard- und softwaremäßig zu realisieren.
Die funktionelle Modularisierung kann sich auf die *Aufgaben eines speziellen Arbeitsplatzes* beziehen;[13] sie kann sich aber auch auf technisch auslagerbare Funktionen beziehen.
In beiden Fällen kann einem intelligenten Terminal ein bestimmtes Aufgabenspektrum zugewiesen werden, das dezentral abwickelbar ist. Dabei kann die benötigte Software jeweils vom Zentralrechner nachgeladen (down-loading), oder als lokale firmware realisiert werden.
Ein offenes Problem ist die verteilte Datenhaltung. Insbesondere unter Echtzeitbedingungen gibt es Probleme beim Nachführen; besonders beim Wiederanlauf. Erst mit einer derart verteilten Datenhaltung ist aber eine weitgehend dezentral organisierte MMS möglich.

– Vordringen einer Aufgabenteilung unter Ausnützung der Dezentralisierung. Globale dispositive Aufgaben werden in enger Zusammenarbeit mit der zentralen Datenhaltung abgewikkelt.[14] Dezentral, z. B. einzelnen Fertigungszellen oder Unterwerken zugeordnet, erfolgt eine regionale Prozeßführung[15] über dezentrale Arbeitsplätze. Deren MMS kann den an dieser Stelle vorliegenden Aufgabenstellungen angepaßt werden und

---

[11] Vgl. das juristische Problem: Was wiegt schwerer, Unschuldige zu verfolgen, oder Schuldige entwischen zu lassen. Auch hier werden die Grenzen je nach z. B. politischer Situation ganz verschieden festgelegt.

[12] Diese Flexibilität kann soweit gehen, daß kleinere Änderungen/Erweiterungen vom Benutzer selbst, ohne Gefährdung des Gesamtsystems, durchgeführt werden können.

[13] Z. B. Datenverwaltung bzw. Prozeßführung, usw.

[14] Diese dispositiven Aufgaben, z. B. Planung der Fertigung des nächsten Tages in einer automatisierten Fabrik, stehen unter weniger Zeitdruck als Aufgaben der operativen Ebene, z. B. Betriebsdatenerfassung an Maschinen, Störungsbehandlung, usw.

ist im allgemeinen stark verschieden von der MMS für die
Disposition.

Diese Liste stellt eine subjektive Bewertung einiger Trends dar;
wieweit diese richtig eingeschätzt wurden, muß die Zukunft zeigen.

6 Literatur

Die im Text zitierten Literaturangaben sind mit * gekennzeichnet.

[BEL86] Belli F., Echtle K., Görke W.
* Methoden und Modelle der Fehlertoleranz.
(Überblick über Fehlerdiagnose und Fehlerbehandlung, Redundanz)
Informatik-Spektrum 9 (1986) H. 2, S. 68-81, 53 Qu.

[BEN81] Benz C., Grob R., Haubner P.
* Gestaltung von Bildschirmarbeitsplätzen.
(Ergonomie allgemeiner Bildschirmarbeitsplätze, arbeitswissenschaftliche Grundlagen, Gestaltung von Arbeitsplätzen und deren Umgebung, Arbeitsorganisation, Einführungsstrategie, Normen, Checklisten, praktische Beispiele)
Verlag TÜV-Rheinland Köln 1981, 86 Qu.

[BER77] Bergmann E., Schellstede G.
* SOSYNAUT ein Software-System für die Netzautomatisierung.
Siemens-Z. 51 (1977) S. 601-608.

[BOE81] Boehm B.W.
* Software Engineering Economics.
(Kostenmodelle und Entscheidungsverfahren bei der Kostenschätzung von Softwareprojekten, Lebenszyklus, Produktivität)
Verlag Prentice-Hall Inc., Englewood Cliffs, New Jersey 1981, 767 S.

[BRO82] Brown J.W.
* Controlling the Complexity of Menu Networks.
(Steuerung des Dialogs durch gerichtete Graphen, Strukturierung zur Beherrschung der Komplexität und zur Erhaltung der Übersicht)
CACM 25 (1982) H. 7, S. 412-418 8 Qu.

[BRO83] Brown P.J.
Error Messages: The Neglected Area of the Man/Machine Interface?
(Beispiele schlechter Fehlermeldungen, Vorschläge zur Verbesserung)
CACM 26 (1983) H. 4, S. 246-249 10 Qu.

[BUS80] Büsser J., Lindenberg H.
Anforderungen an die Anzeige- und Bedientechnik in kleinen und mittleren rechnergeführten Elektrizitäts- und Verbundwarten.
Elektrizitätswirtschaft 79 (1980) S. 744-751.

[CAR82] Carroll J.M.
The Adventure of Getting to Know a Computer.
(MMS bei Computerspielen wird der bei Text-Editoren gegenübergestellt. Betonung auf aktives Lernen, Motivation, Prototyping)
Computer (1982) Nov. S. 49-58, 27 Qu.

[CAR84] Carroll J.M., Mack R.L.
Learning to Use a Word Processor: by Doing, by Thinking and by Knowing.
(Erlernen der MMS; Gegenüberstellung des passiven Lernens aus Manuals und des explorierenden Lernens; Verständlichkeit, Problembezogenheit der Rückmeldungen; adaptive MMS)
In: Thomas J., Schneider M.
Human Factors in Computer Systems.
ABLEX Publ. Corp. Norwood, New Jersey 1984, S. 13-51.

[CHA61] Chang S.S.L.
Synthesis of Optimum Control Systems.
Mc Graw Hill Verlag, New York 1961.

[CHA83] Chana W.
* Bedienen mit Poke-Points und Anzeigen von Meldungen im Software-System SOSYNAUT.
(Netzleittechnik, Bedienstrategie, technologieorientierter Dialog)
Siemens-Energietechnik 5 (1983) H. 2, S. 122-125, 4 Qu.

[CHI77] Chrichton E.R.
Ergonomic User Programming in Process Control.
(Generatortechnik, Berücksichtigung verschiedener Benutzerkreise)
In: Interkama 77 Springer-Verlag 1977, S. 675-665, 5 Qu.

[CHM85] Chambers A.B., Nagel D.C.
* Pilots of the Future: Human or Computer?
(MMS im Flugzeug, Graphik, Trajektorienprognose, Lage der MMS bzw. Aufgabenteilung zwischen Mensch und Maschine entsprechend Teil- und Vollautomatisierung)
CACM 28 (1985) H. 11, S. 1187-1199.

[CHR82] Charwat H.J.
Prozeß/Rechner-Bedienungen.
rtp 24 (1982) S. 40-48.

[CHR85] Charwat H.J.
Prozeßbeobachtung und Prozeßbedienung mit frei projektierbaren Anzeigen auf Sichtgeräten.
(Graphik, Roll-Modus für große Prozeßpläne, Bildkonstruktion, Bildanwahl und Prozeßführung)
rtp 27 (1985) H. 3, S. 109-116 17 Qu.

[CHW85] Charwat H.J.
* Mensch-Maschine-Kommunikation in Produktionsanlagen.
(Ergonomie, Benutzerklassen, Leittechnik-Pyramide, lokale und zentrale Bedienung; Beispiele aus Fertigung und Büro)
Siemens Energie & Automation 7 (1985) H. 6, S. 386-392, 19 Qu.

[DAL86] Dal Cin M., Großpietsch K.E., Trautwein M.
* Methoden der Fehlerdiagnose.
(Diagnose von Rechnerhardware auf Komponenten- und Systemebene, selbstüberwachende Schaltungen, Diagnose in verteilten Systemen)
Informatik-Spektrum 9 (1986) H. 2, 82-94, 72 Qu.

[DAM84] Damper R.I.
* Voice Input for the Physically Disabled.
(MMS für Behinderte für Computer oder Rollstuhlsteuerung)
Int. J.Man-Mach.Stud. 21 (1984) 6 Dec. S. 541-553.

[DAT75] Date C.J.
* An Introduction to Database Systems.
Addison-Wesley Pub. Co. 1975.

[DIE78] Diehl K.J., Ebert K., Eysenbach B., Fischer A.
* Bedienen und Steuern im Softwaresystem SOSYNAUT.
Siemens-Z. 52 (1978) S. 9-13.

[DIL86]   Dilger E., Maehle E.
          * Systemarchitektur und Fehlertoleranz.
          (Wechselwirkungen von Systemarchitektur und Fehler-
          toleranz, Beispiele)
          Informatik-Spektrum 9 (1986) H. 2, S. 110-118, 27 Qu.

[DIN83]   * DIN 66233 Teil 1-8 Bildschirmarbeitsplätze.
          (Normen)

[DOD80]   * Reference Manual for the Ada Programming Langu-
          age
          DOD Juli 1980

[DOR83]   Dörner D., Kreuzig H.W., Reither F., Stäudel T.
          * Lohausen; vom Umgang mit Unbestimmtheit und
          Komplexität.
          (Beherrschung komplexer dynamischer Systeme unter
          Informationsmangel und Zeitdruck, Simulation, psy-
          chologische Auswertung, Entscheidungstheorie)
          Verlag H. Huber, Bern Stuttgart Wien 1983 246 Qu.

[DWY81]   Dwyer B.
          * A User-Friendly Algorithm.
          (Tabellengesteuerte MMS, adaptiv gesteuert durch
          Fehlerverhalten des Benutzers)
          CACM 24 (1981) H. 9, S. 556-561 5 Qu.

[DZI77]   Dzida W., Herda S., Itzfeld W.D., Schubert H.
          Was ist Benutzerfreundlichkeit?
          (Ergonomie, Anforderungen an MMS)
          GMD-Spiegel (1977) H. 3, S. 11-21, 6 Qu.

[EGG84]   Eggert H.
          * Strukturen eines Echtzeit-Datenbank-Management-
          Systems für rechnergestützte Energieleitsysteme.
          (Spezielle Anforderungen aus Echtzeitbetrieb)
          rtp 26 (1984) H. 11, S. 501-505, 17 Qu.

[ERT85]   Ertl R.
          * Zentralisierte technische Betriebsführung der
          KELAG mit Prozeßrechnerunterstützung.
          (Netzleittechnik, Einbindung der MMS, Bildbeispiele
          für Warte und Anzeigen)
          ÖZE 38 (1985) H. 10, S. 413-423.

[FLO81] Flohrer W.
* Benutzergesichtspunkte für den Dialog mit Automaten.
(Mensch als Systemkomponente und seine Eigenschaften, Messung von Leistung und Güte des Dialogs, Lernen, Fehlerrate, Benutzerführung, Übersichtlichkeit)
VDI-Z 123 (1981) H. 18, S. 774-777, 5 Qu.

[FOR72] Forrester J.W.
Der teuflische Regelkreis.
(Mensch übersieht rückgekoppelte Strukturen schlecht; verliert leicht die Übersicht; fälschlich vereinfachende Neigung zu Kausalketten im Umgang mit komplexen Situationen.)
Stuttgart 1972

[FRA77] Fraser G.L.
The Man-Machine-Interface in Process-Control, State of the Art and Trends.
In: Interkama 77, Springer-Verlag 1977, S. 342-362, 53 Qu.

[FRI79] Friedewald W., Charwat H.J.
Prozeßbeobachtung und Prozeßbedienung mit normierten Darstellungen auf Sichtgeräten.
rtp 21 (1979) S. 159-164 und
Gestaltung von Graphikbildern für Farbsichtgeräte in Prozeßwarten.
rtp 21 (1979) S. 10-16.

[GIG82] Giger Th.
* Mensch-Maschine-Kommunikation vollautomatisierter diskontinuierlicher Prozesse.
(Eingriffsmöglichkeit auch bei Ausfall der Automatik, Tendenz zum Einzweckrechner und zur Dezentralisierung durch billigere Hardware, Analyse von möglichen Störungen und Planung von Notfallsmaßnahmen, selektive Alarmausgabe, einfache Routinebedienung, Fail-Soft mit lokaler Intelligenz und lokaler Notbedienung, automatisiertes Log-Buch aller Eingriffe, Vorrang manueller Noteingriffe vor Automatik, Notfallsübungen)
rtp 24 (1982) H. 6, S. 187-191.

[GIL77]   Gilb T., Weinberg G.M.
          * Humanized Input, Techniques for Reliable Keyed
          Input.
          (Voreinstellungen durch Default-Werte, Formulargest-
          altung, Prüfung im Dialog, Toleranzbereiche; viele
          Beispiele)
          Winthrop Publishers Inc., Cambridge, Mass. 1977.

[GRO86]   Großpietsch K.E., Voges U.
          * Methoden der Fehlerbehandlung.
          (Behandlung von Fehlern während des Systembetriebs,
          Redundanz auf Hardware- und Software-Ebene, Re-
          konfiguration)
          Informatik-Spektrum 9 (1986) H. 2, S. 95-109, 60 Qu.

[HAY81]   Hayes P., Ball E., Reddy R.
          Breaking the Man-Machine Communication Barrier.
          (Problematik der Exaktheitsforderung bei Eingaben,
          restriktiver Kommandosprachen und des Fehlerverhal-
          tens. Vorschläge: automatisierte Fehlerortung, übliche
          Fachnotation verwenden, Anpassung an Geläufigkeit
          des Benutzers, universelles Graphikterminal. Interne
          Standardschnittstellen, Auflösung von Mehrdeutigkeit
          aus dem Kontext)
          Computer (1981) March, S. 19-30, 32 Qu.

[HES81]   Hesse W.
          * Methoden und Werkzeuge zur Software-Entwick-
          lung: ein Marsch durch die Technologie-Landschaft.
          (Übersicht über Methoden des Software-Engineering,
          Entwicklungsumgebungen)
          Informatik-Spektrum (1981) H. 4, S. 229-245, 65 Qu.

[HIL85]   Hiltz S.R., Turoff M.
          * Structuring Computer-Mediated Communication Sy-
          stems to Avoid Information-Overload.
          (Verantwortung für die, eventuell auf Grund von Be-
          nutzerangaben automatisch erfolgende, Informations-
          auswahl beim Benutzer, nicht beim Sender. Vermei-
          dung von Unter- und Überlastung des Benutzers)
          CACM 28 (1985) H. 7, S. 680-689, 31 Qu.

[HUG80] Hügle W.
Bildschirmdialog zum Konfigurieren und Parametrieren von Prozeßautomatisierungssystemen.
(Log-Buch des Dialogs, Anpassung an Abstraktionsfähigkeit der Benutzer, Bewertung; Dialoggenerierung für zeichenorientierten und graphischen Dialog)
rtp 22 (1980) H. 4, S. 115-120, 2 Qu.

[IRM85] Irmer T.
*Weltweite Standards sichern Kommunikation.
(Normierung von Kommunikationsschnittstellen für ISDN (integrated services digital network) durch die CCITT; Ursachen und Ziele dieser Standardisierung)
COM (1985) H. 2, S. 17-19

[KAL81] Kaltenecker H.
Funktionelle und strukturelle Entwicklung der Prozeßautomatisierung.
(Geschichte der Regelungstechnik, Tendenzen zu dezentraler Verarbeitung)
rtp 23 (1981) H. 10, S. 348-355.

[KAP79] Kapp K., Daum R.
* Sicherheit und Zuverlässigkeit von Automatisierungssoftware.
Informatik-Spektrum (1979) H. 2, S. 25-36, 31 Qu.

[KAP85] Kappacher G.
* Man-Machine-Interface in Prozeßleitsystemen.
(MMS der Prozeßleittechnik mit Schwerpunkt auf elektrischer Netzleittechnik, Übersicht der Gerätetechnik)
Diplomarbeit TU-Wien 1985, 266 Qu.

[KEP65] Kepner Ch. H., Tregoe B.B.
* The Rational Manager.
Mc Graw Hill Verlag 1965.

[KIG84] Kiger J.I.
* The Depth-Breadth Tradeoff in the Design of Menu-Driven User-Interfaces.
(Breite, flache Menus bevorzugt)
Int. J.Man.Mach.Stud. 20 (1984) 2 Feb., S. 201-213.

[KLO84] Klocke H., Trispel S., Rau G.
* Entwicklung einer Mensch-Maschine-Schnittstelle
für ein Anästhesie-Informationssystem unter Berücksichtigung ergonomischer Gesichtspunkte.
(Dialog aus typischen Handlungs- bzw. Entscheidungs-
abläufen abgeleitet, Erlernen des Dialogs durch
„Spiel" statt durch Formal-Instruktion, Poke-Points
durch Berühren des Bildschirms, Kommunikation mit
Rechner darf nicht von eigentlicher Aufgabe ablenken.
Automatische Dokumentierung aller Eingriffe, Steuerung nur zu im Kontext zulässigen Menus, entscheidende Prozeßdaten in fixem Fenster, Graphik für Zeit-
abläufe mit Tabellen gemischt)
ang.inf. (1984) H. 5, S. 197-208, 21 Qu.

[KOC81] Koch H.
* Stand der Normung „Bildschirmarbeitsplätze".
(Arbeitsplatzgestaltung, Ergonomie)
DIN-Mitt. 60 (1981) H. 12, S. 743-745, 10 Qu.

[KOP76] Kopetz.
Softwarezuverlässigkeit.
Carl Hanser Verlag, München 1976

[LED81] Ledgard H., Singer A., Whiteside J.
* Directions in Human Factors for Interactive Sy-
stems.
Springer-Verlag, New York 1981

[LIS85] Liske L., Maier A.
* Terminals mit mobiler Leistung.
(HICOM, Telephon mit automatisiertem Telephon-
buch)
COM Siemens (1985) H. 2, S. 54-56.

[MAL84] Malone T.W.
Heuristics for Designing Enjoyable User-Interfaces:
Lessons from Computer-Games.
(Herausforderung: klares Ziel, unklarer Weg, Feed-
back; Phantasie: Anregung des Analogiedenkens;
Neugierverhalten; gegen „ernste" MMS)
In [VAS84].

[MAR73] Martin J.
* Design of Man-Computer Dialogs.
(Übersicht und Diskussion interaktiver MMS-Techni-
ken)
Prentice Hall, Englewood Cliffs, New Jersey 1973.

[MAS84] Mason M.V., Thomas R.C.
* Experimental Adaptive Interface.
(Adaptive HELP-Funktion in 4 Ebenen, Heuristiken
darüber, was der Benutzer sehen soll; On-line Log-
Buch für Feedback)
Inf.Techn.Res.Dev.Appl. 3,3 (1984) Aug. S. 162-167;
cit. in ACM Comp.Rev. (1985) Oct. S. 557.

[MET85] Metzendorf H.
* Bedienerführung für multifunktionale Endgeräte.
(Forderungen und Realisierungsmöglichkeiten, Anpassung an Benutzerfähigkeiten, Akzeptanz, Standardisierung von grundlegenden Bedienfunktionen, Lerntech-
niken, HELP)
NTZ 38 (1985) H. 1, S. 28-33, 7 Qu.

[MEY59] Meyer-Eppler W.
Grundlagen und Anwendungen der Informationstheo-
rie.
(Sinnesorgane als Informationsempfänger.)
Springer-Verlag Berlin, Göttingen, Heidelberg 1959.

[MOR83] Morland D.V.
* Human Factors Guidelines for Terminal Interface
Design.
(Formularentwurf, Fehlerbehandlung im Dialog. Minimieren von Fehlerhäufigkeit und Fehlerfolgen; Zusammenarbeit mit Benutzer, Verständlichkeit, „natürliche" Reihenfolge bei Eingaben, Landessprache berücksichtigen, automatisches Generieren verschieden-
sprachiger Texte, konsistent standardisierte Meldungstexte, ergänzender Einsatz von akustischen und farbi-
gen Signalen; Graphik-Sichtgeräte mit Steuerknüppel,
Light-Pen oder Maus; Default-Werte für fehlende
MMS- oder Prozeßdaten; gefährliche Eingaben kompliziert machen; User-Feedback zur Optimierung und
Erhöhung der Akzeptanz; automatische Fehleranalyse
als Basis der Optimierung der MMS; kognitive Psychologie)
CACM 26 (1983) H. 7, S. 484-494, 12 Qu.

[MUC77] Muchsel R.
Kommandosprachen, Wunsch und Wirklichkeit.
ang.inf. (1977) H. 9, S. 369-374, 16 Qu.

[NAG80] Nagler R.
* Prozeßorientierter Entwurf von Dialogsystemen.
(Benutzerfreundlichkeit, adaptive Benutzerführung,
funktionelle Modularität zwischen Kommunikation
und Verarbeitung, durch Benutzer generierbare MMS)
ang.inf. (1980) H. 12, S. 504-509, 18 Qu.

[NEW77] Newell A.
* Note for a Model of Human Performance in ZOG.
(Messung menschlicher Verhaltensparameter in Zu-
sammenhang mit großen Netzen mit schnellem Menu-
System)
Tech.Rep.Dept.Comp.Sci. Carnegie-Mellon Univer-
sity, Pittsburgh Pennsylvania, August 1977.

[NOR83] Norman D.A.
Design-Rules Based on Analyses of Human Error.
(Minimieren von Fehlerwahrscheinlichkeit und Fehler-
folgen, Ergonomie)
CACM 26 (1983) H. 4, S. 254-258, 15 Qu.

[OEN83] * ÖNORM 2630, Teil 1-3 Bildschirmarbeitsplätze.

[POP77] Popper K.R., Eccles J.C.
* The Self and Its Brain.
(Psychologie, Philosophie, Selbstverständnis des Men-
schen nicht nur im Sinne des Reduktionismus)
Springer-Verlag 1977.

[POW84] Powers M., Lashley C., Sanchez P., Shneiderman B.
* An Experimental Comparison of Tabular and Gra-
phic Data Presentation.
(Daten in Graphik *und* Tabellenform werden am be-
sten verstanden)
Int. J.Man-Mach.Stud. 20 (1984) H. 6, S. 545-566.

[PRU82] Prutz G.
Darstellung von Regelungs- und Steuerinformationen
auf Bildschirmen.
VDI-Bericht Nr. 451 (1982) S. 113-117.

[PUP86] Puppe F.
* Expertensysteme.
(Einführender Artikel, Anwendungsgebiete, Problem-
lösungs- und Wissensrepräsentations-Methoden,
MMS, Werkzeuge; Beispiel aus medizinischer Diagno-
stik)
Informatik-Spektrum 9 (1986) H. 1, S. 1-13, 52 Qu.

[PUR85] Purgathofer W.
* Graphische Datenverarbeitung.
(Geräte, Anwendungen, Ergonomie, Programmierung,
Algorithmen) Springers Angewandte Informatik.
Springer-Verlag, Wien, New York 1985, 2. Aufl. 1986

[RAM83] Ramsperger N.G.
Zur Simulation einer Nutzerschnittstelle mittels Inter-
pretation formalisierter Aufgabenbeschreibungen.
(Prototyping fördert Benutzerfreundlichkeit; Simulation hilft zu gemeinsam erarbeiteter Spezifikation)
ang.inf. (1983) H. 2, S. 47-54, 15 Qu.

[RAU82] Raulefs P.
* Expertensysteme.
(Übersicht, Aufbau, Wissensrepräsentation)
In Informatik-Fachberichte 59 Künstliche Intelligenz,
Springer-Verlag 1982, S. 61-98, 73 Qu.

[RIE80] Riedl R.
* Biologie der Erkenntnis. Die stammesgeschichtlichen
Grundlagen der Vernunft.
(Welche Situationen werden „automatisch" erkannt
und beherrscht? Denken in Kausalketten beim Men-
schen angeboren, nicht aber Denken in Schleifenstruk-
turen.
Verlag Parey, Hamburg, Berlin 1980.

[RIS70] Risak V.
* Einige Analogien zwischen Geisteskrankheiten und
Fehlern in Echtzeitsystemen.
(Vergleich von Kenngrößen von Mensch und Ma-
schine, Fehlerverhalten)
EuM 87 (1970) H. 9, S. 415-425, 18 Qu.

[ROB79] Robertson G., McCracken D., Newell A.
The ZOG-Approach to Man-Machine Communica-
tion.
(Menu-orientierte MMS)
Tech.Rep.CMU-CS-79-148, Carnegie-Mellon Univer-
sity Pittsburgh Pennsylvania, October 1979.

[ROU81] Rouse W.B.
         * Human-Computer Interaction in the Control of Dynamic Systems.
         (Mensch als Glied komplexer Regelungssysteme, Aufgabenteilung zwischen Mensch und Maschine, Echtzeitanforderungen an den Menschen, Ergonomie, Fehlerverhalten insbesondere in kritischen Situationen, Optimierung der MMS unter Echtzeitbedingungen)
         ACM Comp.Surv. 13 (1981) H. 1, S. 71-99, 98 Qu.

[SAM84] Sammer W., Remmele W. (Hrsg.)
         * Programmierumgebungen: Entwicklungswerkzeuge und Programmiersprachen.
         Springer-Verlag, Informatik-Fachberichte 79 1984.

[SAU85] Sautter R.
         * Numerische Steuerungen für Werkzeugmaschinen.
         (Funktion und Aufbau numerischer Steuerungen, Informationsverarbeitung in den Steuerungen, Programmierung von Werkstücken, viele Beispiele.)
         Vogel Buchverlag, Würzburg 1985.

[SCH80] Schellstede G.
         * Man-Machine-Dialog via VDU Control Desks in Power System control Centres.
         (Echtzeit-MMS, technologieorientierte Bedienung, Bildgestaltung in Form von Tabellen und Semigraphik)
         In: Kaiser W.A., Proebster W.E.
         From Electronics to Microelectronics.
         North Holland Pub.Co. 1981.

[SCH83] Schneider M.L., Thomas J.C.
         The Humanization of Computer Interfaces.
         (Probleme neuer Benutzer bei mangelhafter Dokumentation und fehlender HELP-Funktion)
         (1983)

[SCH86] Schmitter E.
         * Einsatz fehlertolerierender Rechnersysteme.
         (Fehlertoleranz-Eigenschaften konkreter Systeme, Echtzeitsysteme, Transaktionssysteme)
         Informatik-Spektrum 9 (1986) H. 2, S. 119-128, 19 Qu.

[SIE78] SIEMENS AG.
         * Einführung in die CCITT High Level Programming Language CHILL.
         Siemens Eigenverlag, 1. Ausg. Jan. 1980.

[SIE80]   SIEMENS AG.
* Probleme lösen, Entscheidungen vorbereiten.
Siemens Eigenverlag, München 1980.

[SIE85]   SIEMENS AG.
* Entwicklungshandbuch.
(Systematische Software-Entwicklung nach Phasen-
plan, Qualitätssicherung)
Siemens AG, Österreich (1985).

[SHA83]   Shaw M., Borison E., Horowitz M., Lane T., Nichols
D.
* Descartes: A Programming-Language Approach to
Interactive Display-Interfaces.
(System für Spezifikation und Prototyping von MMS,
intelligente Graphik-Sichtgeräte mit Window-Technik,
Berücksichtigung verschiedener Kommunikationsstile,
Dialogentwurf durch den Benutzer)
ACM Sigplan-Notes 18 (1983) H. 6, S. 100-111, 49 Qu.

[SHN79]   Shneiderman B.
* Human Factors Experiments in Designing Interactive Systems.
(Benutzeranforderungen, Beteiligung der Benutzer an
der Planung, Motivation, Verständlichkeit, Varianten
für unerfahrene und geübte Benutzer, Reaktionszeit;
automatische Fehlerstatistik zur Verbesserung verwenden; verschieden einstellbarer Detaillierungsgrad von
Meldungen)
Computer (1979) Dec. S. 9-19, 37 Qu.

[SHN82]   Shneiderman B.
Designing Computer System Messages.
(Verständlichkeit verbessert Effizienz, explizit aus
Kontext ableiten. Nur mögliche Aktionen angeben,
Akzeptanz, Schwachstellenanalyse)
CACM 25 (1982) H. 9, S. 604-605.

[SOL59]   Solodownikow W.W.
* Grundlagen der selbsttätigen Regelung, Bd. 1/2.
Oldenbourg-Verlag, München 1959.

[STE81]   Stenning V., Frogatt T., Gilbert R., Thomas E.
* The Ada Environment: A Perspective.
(Entwicklungsumgebung, Standardschnittstellen,
Übersicht)
Computer (1981) June S. 26-36, 8 Qu.

[STO80]   * Requirements for Ada Programming Support Envi-
          ronments „Stoneman".
          (Entwicklungsumgebung, Standardschnittstellen)
          US Dept. of Defense, (1980) Feb.

[TAL81]   Talukdar S.N., Wu F.F.
          Computer-Aided Dispatch for Electric Power Systems.
          (Netzleittechnik)
          Proc. IEEE 69 (1981) H. 10, S. 1212-1231, 137 Qu.

[VAS84]   Vassiliou Y. (Ed.)
          Human Factors and Interactive Computer Systems.
          (Zusammenarbeit in den Rollen als Technologe, Ent-
          wickler, Psychologe)
          Proc. NYU Symp. on user interfaces; ABLEX Pub.Co.
          Norwood, New Jersey 1984

[VAS85]   Vassiliou Y.
          Integrating Database Management and Expert Sy-
          stems.
          In: Informatik Fachberichte 94, 147 (1985)

[VEE85]   Vees Ch.
          Vergleich von Eingabegeräten für gelegentliche Nutzer
          künftiger Informationssysteme.
          (Menu-Steuerung, Experimente über Reaktionszeit
          und Fehlerrate sowie über die subjektive Beurteilung
          der MMS)
          NTZ 38 (1985) H. 1, S. 24-26, 4 Qu.

[WEG**]   Wegner P.
          * Programming with Ada, an Introduction by Means
          of Graduated Examples.
          (Einführung in die Sprache Ada, die in Zukunft wegen
          ihrer sauberen Modularisierung und wegen der Syn-
          chronisierungsmöglichkeiten für Echtzeitverarbeitung
          wichtig werden wird. Viele Beispiele)
          Prentice-Hall Inc., Englewood Cliffs, New Jersey.

[ZAT86]   Zatschek
          * Testdatengenerator für syntaktisch formulierbare
          Daten und Datenfolgen.
          Diplomarbeit an der Technischen Universität Wien
          1986.

[ZEE78] Zeeman E.C.
* Catastrophe Theory.
Mathematische Behandlung von Systemen mit sprung-
haftem oder Hysterese-Verhalten)
Addison-Wesley Pub.Co., Reading Massachusetts,
1978.

[ZIM77] Zimmermann R.
Dialoge zwischen ungeübten Benutzern und rechnerge-
steuerten Informationssystemen.
NTZ 30 (1977) H. 8, S. 632-636, 17 Qu.

[ZIM83] Zimmermann R.
* Ergonomische Gestaltung von Bildschirmarbeitsplät-
zen und Dialogabläufen.
(Hinweis auf DIN-Normen, Maskenaufbau mit Gra-
phik, Effektivitätsmessungen)
DIN-Mitt. 62 (1983) H. 12, S. 708-712, 22 Qu.

[ZWE83] Zwerina H., Benz C., Haubner P.
* Kommunikations-Ergonomie; benutzerfreundliche
Anwenderprogramme in Maskentechnik.
(Anwenderprogramme der allgemeinen DV, Verwen-
dung von alphanumerischen Terminals ohne Graphik;
viele ausgearbeitete Beispiele)
Siemens AG, Bereich Datentechnik (1983) Best.Nr. U
1190-J-Z12-1

Sachverzeichnis